내가 **에너지**를 **생각**하는 이유

이필렬, 이영경, 신지혜,
최우리, 김추령 지음

내가 에너지를 생각하는 이유

나와 지구의 건강을 위한 에너지 공부

나무를 심는 사람들

추천사

에너지 전환이 왜 필요할까?

박진희(동국대학교 다르마칼리지 교수 | 에너지기후정책연구소 이사장)

올해도 예외 없이 뉴스들은 한번도 경험한 적이 없는 더위가 올 것이라거나 홍수, 산불이 발생할 것이라고 전하고 있습니다. 어느덧 우리에게도 기후 위기가 일상이 되어 버렸고 이상 기후로 언제든 피해를 입을 수 있게 되었어요. 기후 위기를 걱정하는 사람들이 늘어나고 있어요.

그런데 걱정하는 것에만 머무르지 않고 이제는 아주 작은 개인 실천이라도 기후 위기에 대응할 수 있는 행동에 나서야 합니다. 세계 기후학자들 중에는 과학 연구에 바탕해서 우리가 기후 위기에 대응할 수 있는 시간이 7년도 남지 않았다는 주장을 하기도 합니다. 어떤 실천이 필요할까요? 이 책은 여러분에게 몇 가지 중요한 실천 방식을 알려 줍니다.

먼저 기후 위기 원인인 온실가스 배출을 줄이자면 무엇보다 우리가 전기, 열 등 에너지를 얻기 위해 현재 사용하고 있는 석탄, 석유 등 화석 연료 대신에 태양, 풍력 등 재생 가능 에너지를 이용하는 에너지 전환이 필요함을 자세하게 설명해 줍니다. “온실가스도 내뿜지 않고 아무리 사용해도 없어지지 않고 위험한 미세 먼지나 방사능을 내놓지 않는 재생 가능 에너지" 분야에서 그동안 기술 발전이 일어나서 경제성이 높아졌다는 것을 보여 줍니다.

3킬로와트 작은 태양광 발전소 설치에 20년 전만 해도 3000만 원이 들어갔는데 지금은 10분의 1로 줄어들었다고 해요. 국제 재생 에너지 기구에 따르면 2021년 육지 풍력 발전 평균 비용이 43원으로 화력 발전소 평균 비용 87원보다 낮다고 해요. 재생 가능 에너지로 전기를 경제적으로 싸게 생산할 수 있게 되어서 화석 연료를 대체할 수 있다는 것이지요.

게다가 옛날에는 배터리, 저장 기술이 발달하지 않아 해가 뜨지 않거나 바람이 불지 않으면 전기 생산이 어려워서 재생 가능 에너지로 발전하는 것을 꺼려 했죠. 그런데 지금은 저장이 가능한 배터리 기술이 발달했고 가격도 싸졌습니다. 풍력 전기로 수소를 만들어 저장하는 기술도 발달했구요. 학자들 중에는 100% 재생 가능 에너지로 전환이 가능함을 컴퓨터 모델로 보여 주기도 했어요. 이렇게 이 책은 에너지 전환이 무엇인지, 재생 가능 에너지 기술의 현재는 어떠한지를 한눈에 보여 줍니다.

또한 덴마크, 스웨덴에서 시민들이 직접 에너지 전환에 참여해 기후 위기에 대응하여 실천하고 있는 모습을 보여 줍니다. 덴마크에서는 정부가 주도적으로 풍력 발전 입지를 선정해서 어민들과 소통하며 풍력 발전소를 건설하고 있습니다. 스웨덴에서는 시민들과의 대화를 통해서 에너지 절약 법도 제정했구요. 우리나라에서도 이런 실천을 해 보는 것은 어떨까요?

이 책에서는 에너지 전환 이야기만 하고 있지는 않아요. 여러분이 기후 위기에 대응하기 위해 개인적으로 어떤 실천을 할 수 있을지를 저자 중의 한 분이 직접 행동으로 보여 주고 있어요. 플라스틱 사용을 줄이는 방법에서 친환경 패션 원칙을 지켜서 합성 섬유를 덜 소비하는 방법, 지속 가능한 여행 방법까지 다양한 실천 방식을 알려 주고 있어요. 안 쓰는 물건을 서로 바꿔 쓰고 사용한 물건을 다시 쓰는 것도 우리가 기후 위기에 대응하는 방법입니다. 무엇보다 환경 의식을 지닌 정치인에게 투표하는 환경 시민으로 살아가는 것이 중요하다고 강조합니다. 개인 실천도 중요하지만 정치인들이 법을 만들어 일회용 플라스틱 사용을 금지하는 것이 효과가 크거든요.

또 다른 장에서는 '기후 정의'에 대해서 설명하고 있어요. 온실가스를 역사적으로 더 많이 배출한 선진국과 그렇지 않은 선진국 사이에는 책임의 차이가 있고, 여러분과 어른들의 책임도 동일하지 않다는 것이지요. 누가 얼마만큼의 책임을 지녀야 하는지에 대해서도 여러분이 잘 알아볼 필요가 있다는 것입니다.

이 책은 여러분이 기후 위기 대응과 관련해서 알아야 할 중요한 점들, 어떤 실천을 해야 할 것인가를 잘 설명해 주고 있어요. 이 책을 통해 여러분도 지구를 구하는 대열에 동참할 수 있기를 바랍니다.

차례

나와 지구를 위한 슬기로운 환경 생활

에너지 절약 신지혜 (나투라프로젝트, 요가포굿라이프 운영자, 요가 강사)

에너지 전환, 스스로를 알고 미래를 그리는 세계

에너지 전환 외국 사례 최우리(한겨레 신문 기자)

기후 변화, 오개념 좀 잡고 갈게요

기후 변화 김추령(신도고등학교 지구과학 교사, 가치를 꿈꾸는 과학교사 모임)

에너지 전환, 우리나라에서도 가능할까?

재생 가능 에너지

이필렬(한국방송통신대학 명예교수)

지금부터 40년쯤 전 1986년에 두 가지 큰 사건이 일어났어요. 하나는 1월 28일에 미국에서 일어난 챌린저호 폭발 사고이고, 또 하나는 4월 26일에 당시 소련에서 발생한 체르노빌 원자력 발전소 폭발 사고예요. 두 사고 모두 전 세계에 아주 큰 충격을 주었어요. 그때 나는 독일 베를린에서 과학을 공부하고 있었어요. 그렇기에 두 사고 모두 다른 사람보다 더 많은 관심을 가지고 지켜보았어요.

챌린저호 폭발 사고는 미국의 우주 왕복선 챌린저호가 하늘로 날아간 지 73초 만에 폭발한 사고예요. 나사의 우주 비행사 여섯 명이 죽었지요. 미국 정부에서는 곧바로 원인을 찾는 일에 착수했는데, 보조 추진 로켓의 고무 패킹이라는 작은 부품의 불량이 폭발을 가져온 것으로 밝혀졌어요. 미국 정부에서는 그 후 우주 개발 계획을 대대적으로 개혁하는 작업에 착수하지요. 체르노빌 사고는 원인이 좀 복잡했어요. 에너지를 만들어 내는 구소련 원자로에도 문제가 있었지만, 기술자들이 조심하지 않은 것이 가장 큰 원인이었어요.

체르노빌 사고는 챌린저호 사고와 달리 열흘 이상 폭발과 화재가 지속되었고, 전 세계에 원자력의 위험을 경고하는 것이었기에 나는 원자력에 대한 독일과 한국의 반응에 관심이 갔어요. 독일에서는 아주 많은 사람, 그리고 여러 과학자들이 원자력이 위험하다는 생각을 하게 되었고, 원자력 발전을 그만하자는 시위를 벌였어요. 반면에 독일 정부에서는 독일의 원자력 발전소는 안전하고, 에너지를 확보하기 위해 더 필요하다는 입장이었어요. 한국에서는 정부와 과학자들이 거의 모두 한목소리로 우리나라의 원자력 발전소는 안전하고 체르노빌 사고와 같은 폭발은 절대 일어나지 않는다고 주장했어요.

이때 나는 우리나라에서 원자력을 안전하다고만 강조하는 태도에 실망했어요. 체르노빌 사고를 교훈 삼아 더 철저하게 안전에 유의하고, 원자력 발전 정책을 점검하려는 자세가 필요하다고 보았거든요. 그래서 나는 공부를 마치고 돌아가면 가끔 너무 치우친 주장에 대해 비판도 해야겠다는 생각을 하게 되었고, 그 후 원자력뿐 아니라

체르노빌 원자력 발전소 폭발 사고로 유령 도시가 된 프리피야트.
사진 Pixabay 제공 ©Wendelin_Jacober

체르노빌 사고로 폐허가 된 프리피야트의 놀이공원.
사진 Pixabay 제공 ©Wendelin_Jacober

에너지 문제 전체와 에너지 전환에 대해서 공부하고 이야기하게 되었지요.

원자력이 왜 문제일까?

영국에 세계적으로 유명한 과학자 제임스 러브록이라는 분이 있어요. 러브록은 2022년 102살의 나이로 세상을 떠났는데, 지구와 인류의 미래에 대해 진심으로 걱정하는 분이었어요. 지구 전체가 하나의 생명체와 같다는 가이아 이론을 내놓기도 했고요. 그런데 이분이 기후 변화로 인해 인류가 처한 위기를 해결할 수 있는 유일한 길은 원자력밖에 없다는 주장을 했어요. 이유는 기후 변화가 빠르게 진행되어서 인류가 곧 큰 위험에 빠질 텐데, 이 위험을 예방할 수 있는 길은 기후 변화의 원인인 온실가스를 내놓지 않는 에너지원을 사용하는 것, 그게 원자력이기 때문이라는 것이에요. 러브록의 이 주장에 대해 원자력 말고 태양 에너지나 풍력 같은 재생 가능 에너지도 있다는 반론이 있지만, 그는 재생 가능 에너지는 개발에 시간이 많이 걸리고 너무 비싸다고 말해요. 그래서 원자력 발전소를 매년 수백 개씩 건설해서 인류가 필요한 에너지를 생산하는 수밖에 없다는 거예요.

러브록의 주장은 2004년쯤에 나왔는데 원자력을 좋아하는 사람들은 두 손을 들어 환영했고, 이제 원자력의 부흥기가 다시 온다는 희망에 부풀기도 했어요. 이들은 태양 에너지나 풍력의 가능성을 믿지 않았어요. 지금도 특히 우리나라에 믿지 않는 사람들이 많지요. 반면에 에너지 전환만이 유일한 해결책이라고 생각하는 사람들은 원자력을 대대적으로 확대하는 것은 기후 위기에서 벗어나는 것을 더 어렵게 만들고 아주 위험한 선택이라고 보아요. 이들은 재생 가능 에너지가 확실한 해결책이라고 믿어요. 그런데 원자력만 믿고 의존하다 보면 재생 가능 에너지가 빠르게 확대되는 것이 어려워지고 에너지 전환도 점점 멀어진다고 보는 것이지요.

에너지 전환은 화석 연료나 원자력같이 지속 가능하지 않고 위험한 에너지 자원에 바탕을 둔 현재의 에너지 생산 방식을 지속 가능하고 안전한 것으로 바꾸는 거예요. 그렇게 하려면 태양 에너지나 풍력 같은 재생 가능 에너지로 우리에게 필요한 에너지를 생산해야겠지요. 이런 에너지는 온실가스도 내뿜지 않고 아무리 사용해도 없어지지 않고 위험한 미세 먼지나 방사능을 내놓지 않으니 지속 가능하고 안전해요.

그런데도 원자력만 고집하는 사람들은 러브록이 주장한 때부터 20년이 지났고, 그동안 재생 가능 에너지 기술이 눈부시게 발전했는데도 여전히 원자력이 미래라고 주장을 하고 있어요. 원자력이 온실가스를 거의 내놓지 않는 것은 맞아요. 한꺼번에 한곳에서 아주 많은 에너지를 필요할 때 생산할 수 있다는 장점도 있어요. 이 점은 에너지를 여러 곳에서 적은 양을 생산하는 태양광이나 풍력 같은 재생 가능 에너지와 다르지요. 원자력이 이렇게 장점이 있지만 한 가지 커다란 단점이 있어요. 바로 위험하다는 것이에요.

원자력 발전의 위험은 이미 체르노빌 사고와 2011년 3월 11일에 후쿠시마에서 일어난 사고로 증명되었어요. 두 사고 모두 강력한 폭발이 일어났고, 아주 많은 방사능을 주변의 땅과 대기로 뿜어냈어요. 후쿠시마에서는 바다

벨기에 남부 소도시 Huy 근처의 Thiange 원자력 발전소.
사진 Pixabay 제공 ©Ben_kerckx

원자로 안은 방사능으로 가득 차 있다.
사진 Pixabay 제공 ©Qubes Picture

로도 많은 방사능이 들어갔고 지금도 흘러가고 있어요. 수산물이 방사능으로 오염되었지요. 그리고 사고가 난 지 오랜 시간이 지났는데도 강한 방사능 때문에 근처에 가지도 못하고 있어요. 체르노빌의 경우 40년 가까운 시간이 흘렀지만, 지금도 핵분열이 종종 일어나고 있어요. 그곳을 완전히 정리하고 사람이 들어가 살려면 아직 수백 년은 더 지나야 한다고 해요. 후쿠시마에서도 발전소 원자로 안에 녹아내린 핵연료가 그대로 있고 여기에서 열이 뿜어져 나오기 때문에 물로 계속 식혀 주어야 해요. 그러니 방사능 오염수가 그렇게 많이 생기는 것이고, 바다로 버려야 하는 상황까지 온 거예요. 후쿠시마 발전소에서는 2050년까지 이 핵연료를 모두 제거하고 주변 지역을 정화하겠다고 하지만 체르노빌처럼 더 늦춰질 수도 있어요.

원자력 발전소에는 체르노빌과 후쿠시마 같은 폭발의 위험만 있는 것이 아니에요. 원자로 안은 방사능으로 가득 차 있기 때문에, 방사능이 언제든 새어 나올 수 있지요. 그리고 그것보다 훨씬 더 위험한 것은 원자로에서 타고 남은 핵연료 쓰레기예요. 사용 후 핵연료라고 부르기도 하는데, 아주 강한 방사능을 내뿜는 쓰레기지요. 이 방사능은 몇 년, 몇십 년만 나오고 끝나는 것이 아니라 몇백 년, 몇천 년 아니 몇만 년까지도 계속될 수 있어요. 그래서 사람이나 동식물이 정말 오랫동안 접촉할 수 없는 곳에 보관해야 하는데, 그렇게 못하면 방사능이 걷잡을 수 없이 퍼질 수 있어요. 이렇게 안전하게 보관할 수 있는 곳은 찾기가 아주 어렵겠지요? 그래서 세계에서 원자력 발전을 가장 먼저 시작한 영국과 미국에서도 아직 이런 장소를 찾지 못하고 있어요.

재생 가능 에너지는 해결책이 못 될까?

원자력이 이토록 위험한데도 제임스 러브록처럼 원자력만이 살길이라고 생각하는 사람들은 재생 가능 에너지의 가능성을 믿지 못해요. 그런데 정말 그럴까요? 30년 전이라면 그렇게 생각해도 하나도 이상하지 않았어요. 그때는 태양광 발전이나 풍력 발전이 상당히 비쌌기 때문이에요. 당시에 지붕 하나를 덮을 태양광 발전소 하나 지으려면 지금에 비해 20배는 더 많은 돈을 들여야 했으니 말이에요. 내가 20년 전인 2003년에 여러 사람과 힘을 합쳐서 3kW(킬로와트)짜리 작은 태양광 발전소를 안성과 서울에 하나씩 설치했어요. 그때 들어갔던 돈은 그 작은 것 하나에 3000만 원이 넘었어요. 그런데 지금은 기업체에 맡기지 않고 직접 설치하면 300만 원도 안 들어요. 20년 동안 가격이 10분의 1 이하로 떨어질 정도로 기술이 발달한 거지요.

에너지를 생산하는 비용도 마찬가지로 크게 낮아졌지요. 태양광 발전소에서는 전기가 나오는데, 전기의 양은 kWh(킬로와트시)로 표시해요. 생산 비용은 1kWh를 생산하는 데 드는 비용이 얼마인지 보여 주는 것인데, 이 비용은 햇빛이 얼마나 많이 비치는가에 따라 달라지겠지요. 중동, 아프리카의 사하라, 미국의 로스앤젤레스, 오스트레일리아같이 세계에서 가장 햇빛이 좋은 곳에서는 1kWh를 생산하는 데 원자력 발전소보다 더 적은 돈이 들어가요. 지구 전체를 대상으로 평균을 내어도 지금은 태양광 발전이 석탄이나 원자력보다 발전 비용이 더 적은 것으로 나와요. 풍력 발전도 육지에서 하는 것은 더 낮게 나오고요.

우리나라 시민 태양광 발전소 1호.

독일 태양광 발전.
사진 Pixabay 제공 ©Christian Bueltemann

국제 재생 에너지 기구(IRENA)라는 곳이 있어요. 전 세계의 168개 국가에서 회원으로 가입하여 운영하는 권위 있는 기구이지요. 이곳에서 거의 해마다 개별 에너지의 발전 비용을 발표하는데, 여기서 발표한 자료에 따르면 2021년 화력 발전소의 평균 발전 비용은 1kWh에 87원, 태양광 발전은 60원, 육지 풍력 발전은 43원이에요. 물론 이 숫자는 전 세계 평균이니까 나라마다 다르겠지만, 원자력만 해결책이라는 주장이 틀리다는 것을 보여 주고 있지요. 참고로 경제 협력 개발 기구(OECD)에서 만든 국제 에너지 기구(IEA)에서 발표한 우리나라 원자력 발전의 2020년 평균 발전 비용은 1kWh에 69원, 태양광 발전은 124원, 석탄 발전은 98원이에요. 태양광 발전이 더 높게 나오기는 하지만 2015년과 비교하면 크게 낮아졌어요. 반면에 원자력과 석탄 발전은 2015년보다 오히려 올라갔어요. 2015년에 태양광 발전의 발전 비용은 185원이었어요. 태양광 발전만 빠르게 줄어드는데, 이렇게 계속 줄어들면 5년 후면 우리나라에서도 석탄 발전보다 더 싸고 원자력과 경쟁할 정도로 낮아질 수 있겠지요.

그렇다면 위험하지 않고 고갈되지 않는 태양광 발전

세계 개별 에너지 평균 발전 비용(2021년)

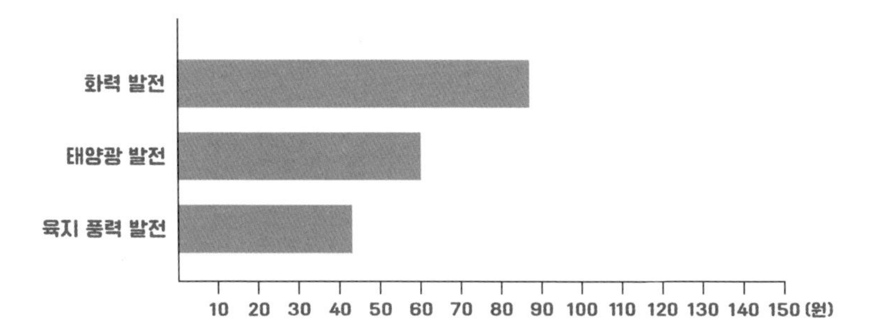

출처: 국제 재생 에너지 기구(IRENA), 1kWh에 들어가는 비용

한국 개별 에너지 평균 발전 비용(2020년)

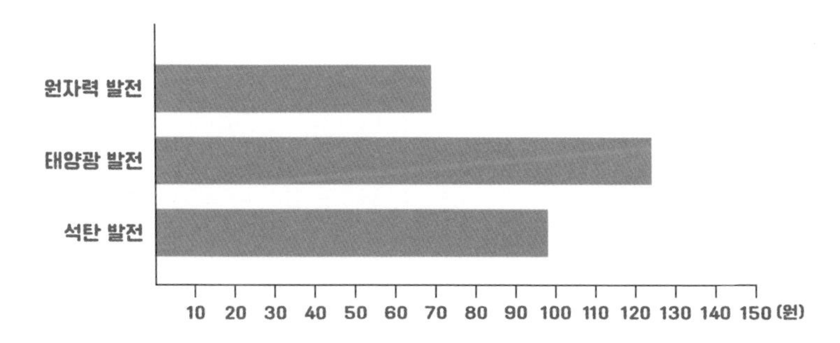

출처: 국제 에너지 기구(IEA), 1kWh에 들어가는 비용

이나 풍력 발전으로 전기를 생산하지 석탄 같은 걸로 발전할 필요가 있을까요? 원칙적으로는 없어요. 하지만 지금 있는 이런 발전소들을 없애고 대신 재생 가능 에너지를 사용하려면 시간과 돈이 많이 있어야겠지요. 우리나라만 보면 원자력과 화력 발전이 전기의 95% 정도를 생산하고 교통이나 난방은 99% 이상 석유와 가스를 사용하니 이것들을 모두 재생 가능 에너지로 바꾸려면 오랜 시간이 걸릴 거예요. 그래서 탄소 중립 시한인 2050년이 아니라 앞으로 50년 안에 바꾸려 해도 아주 서두르지 않으면 안 돼요. 그렇지 않으면 100년도 모자랄 겁니다.

탄소 중립이 가능할까?

탄소 중립이라는 말이 2020년부터 전 세계에 퍼지기 시작했어요. 미국과 유럽은 물론이고 우리나라와 중국에서도 탄소 중립을 하겠다고 선언했고요. 우리나라는 2050년까지, 중국은 2060년까지 달성하겠다고 발표했지요. 탄소 중립은 기후 변화 때문에 발생하게 될 인류 문명의 위기를 해결하기 위한 방책으로 나온 거예요. 2015년에 프랑스 파리에서 세계 기후 회의가 열렸는데, 여기서 기후 변화가 심각하니 지구 기온 상승 속도를 크게 낮추어야 한다는 결의가 있었어요. 2100년까지 지구의 평균 기온 상승이 2℃ 또는 더 노력해서 1.5℃ 아래가 되도록 해야 한다는 것이 이 결의의 핵심 내용이에요. 그리고 그 후에 그걸 위해서는 화석 연료를 많이 쓰는 나라들이 2050년까지 탄소 중립을 달성해야 한다는 연구가 나왔고, 영국, 독일, 미국 등 많은 나라가 탄소 중립 선언을 했지요.

탄소 중립은 석유, 석탄, 가스 같은 화석 연료 사용 때문에 나오는 이산화 탄소 배출을 제로, 즉 영으로 만든다는 거예요. 영으로 만드는 방법은 여러 가지가 있어요. 화석 연료를 조금도 쓰지 않으면 제로가 될 수 있어요. 화석 연료를 부득이 조금 쓰더라도 이때 배출되는 이산화 탄소를 흡수해서 제로로 만들 수 있어요. 화력 발전소 굴뚝에 이산화 탄소를 빨아들이는 장치를 설치해서 공기 중으로 날아가지 못하게 하면 되지요. 이산화 탄소를 잘 흡수하는 식물을 많이 심어서 공기 속으로 날아간 이산화 탄소를 뽑아내는 방법도 있지요. 모두 간단한 것은 아니에요. 식물을 심는 것은 넓은 땅이 필요하고 심은 다음에는 물을 주고 비료를 뿌려서 잘 가꾸어야 하거든요. 그리고 이산화 탄소를 빨아들이는 기술은 아직 개발 중이고 돈이 많이 들지요.

이렇게 쉽지 않은 일을 우리나라에서 2050년까지 달성하는 것이 정말 가능할까요? 그것도 30년도 안 되는 기간에 말이지요. 이 기간 동안 원자력만으로 탄소 중립을 만들려면 원자력 발전소를 350개 정도는 건설해야 돼요. 태양광 발전으로 달성하려면 우리 국토의 20%가 조금 못 되는 17,000㎢ 정도를 태양광 발전소로 덮어야 해요. 풍력 발전소는 육지에 설치할 곳이 많지 않기 때문에 아주 큰 풍력 발전기를 165,000개 정도 바다에 설치해야 하지요. 이 셋을 섞어서 할 수도 있고, 원자력은 위험하니 태양광과 풍력을 섞어서 할 수도 있어요. 남은 문제는 건설할 땅을 확보하고 돈을 마련하는 것이지요.

태양 에너지나 풍력의 가능성을 믿지 않는 사람들은 주로 원자력에 의지해서 탄소 중립을 달성하고 싶어 할 거예요. 그게 가능하려면 1년에 12개의 원자력 발전소를 건설해야 하겠지요. 2023년 지금 우리나라에는 원자력 발전소가 25개 돌아가고 있어요. 1978년부터 원자력 발전을 시작하고 지금까지 45년 동안 꽤 많이 늘리려고 노력했지만 25개밖에 안 되는 것이지요. 그러니 아무리 열심히 원자력 발전소를 건설한다 해도 해마다 12개씩은 불가능해요. 1년에 하나 건설하는 것도 부지를 구하지 못해서 쩔쩔매는 게 지금 상황이에요.

그러면 태양광 발전은 어떨까요? 우리나라에서 태양광 발전은 2008년부터 본격적으로 시작해서 지금 발전소 면적이 115㎢ 정도로 늘어났어요. 앞에서 태양광만으로는 17,000㎢의 국토를 덮어야 한다고 했으니 150배 가까이 늘어나야 해요. 엄청나게 넓은 땅에 건설해야 하고 돈이 대단히 많이 들어갈 것이고 그것도 30년 안에 해야 한다니, 매우 어려울 것으로 생각돼요. 풍력 발전도 마찬가지예요. 165,000개를 30년 안에 바다에 건설하려면 해마다 5,500개를 세워야 해요. 지금은 50개 건설하는 것도 어민들의 반대와 부지 선정 때문에 아주 힘든 상황이지요.

이렇게 앞으로 30년 안에 탄소 중립을 달성하는 것이 거의 불가능하다면 어떻게 해야 할까요? 우선 시간을 좀 늘려서 탄소 중립 완성 연도를 2050년이 아니라 2060

년이나 2070년으로 바꾸는 방법이 있겠지요. 또 하나는 우리나라의 에너지 소비를 줄이는 거예요. 에너지 소비를 2050년까지 지금의 절반으로 줄이면 태양광 발전소 면적과 풍력 발전기의 숫자도 절반으로 줄어드니 탄소 중립 달성이 훨씬 쉬워지겠지요. 절반까지는 아니라도 30% 정도 줄이고 연도를 2060년으로 하는 것도 하나의 방법이 될 수 있을 거예요.

탄소 중립과 함께 우리나라에서 퍼진 말이 또 있어요. RE100이라는 것이에요. 이것은 기업체에서 필요한 전기 에너지는 100% 재생 가능 에너지로 공급받는다는 거예요. 전기에 한정되어 있으니까 탄소 중립보다는 달성하기가 쉽지요. RE100은 어느 시민 단체에서 제안한 것인데 전 세계의 큰 회사들이 호응을 해서 성공적으로 진행되고 있어요. 세계 최대 기업인 애플, 구글, 마이크로소프트, 페이스북 같은 회사에서 적극적으로 이 운동에 가담했고, 2021년까지 모두 목표를 달성했어요. 우리나라에서는 최근에 여러 기업체가 가입했지만, 목표 연도는 아직 멀리 떨어져 있어요. 제일 큰 기업인 삼성전자나 SK 모두 2050년에 달성하는 것이 목표예요.

재생 가능 에너지로 필요한 에너지를 모두 공급할 수 있을까?

탄소 중립은 앞에서 설명한 에너지 전환이 성공하면 저절로 달성돼요. 그런데 에너지 전환은 모든 에너지 생산을 재생 가능 에너지로 하는 것이지요. 전기뿐만 아니라 교통수단이나 난방에 들어가는 에너지 모두 풍력이나 태양 에너지 같은 것으로 공급해야 해요. 자동차는 물론이고 배와 비행기, 그리고 건물의 난방 에너지 모두 화석 연료로부터 벗어나야 하는 거지요.

그런데 태양광 발전이나 풍력 발전은 전기만 생산해요. 이 전기로 석유나 가스를 대신할 수 있을까요? 자동차는 모두 배터리에 저장된 전기로 달리는 전기 자동차로 바꾸면 가능해요. 지금 세계는 전기 자동차 열풍이 대단하지요. 미국 뉴욕과 캘리포니아에서는 2035년부터 전기 자동차만 판매하도록 했어요. 유럽에서도 2035년부터 거의 전기 자동차만 판매할 수 있게 되었고요. 우리나라에서도 전기 자동차가 점점 늘어나고 있지요. 난방도 전기로 하는 게 가능해요. 히트펌프라는 기술을 이용하면 전기를 조금 사용하고도 난방 에너지를 얻을 수 있어요.

자동차는 배터리 전기로 달리면 되지만 비행기나 배는 너무 커서 배터리에 저장된 전기로 움직이기는 대단히 어려워요. 그래서 생각해 낸 게 전기로 수소를 만들고 이걸 연료로 비행기나 배를 움직인다는 거예요. 수소는 물을 가지고 만들어요. 물에 전기를 통과시키면 수소와 신소가 만들어지지요. 태양광 발전이나 풍력 발전으로 생산한 전기로 물을 전기 분해하면 만들 수 있지요. 이 수소에 높은 압력을 가해서 액체로 만들고 이걸 배나 비행기에서 태우면 석유와 같은 성능을 낼 수 있어요. 강철을 만드는 공장에서도 수소를 이용해서 철광석을 녹이고 가공할 수 있지요. 이제 우리에게 필요한 모든 에너지를 태양에너지나 풍력에서 온 전기로 공급할 수 있다는 것이 확실해졌지요.

그런데 또 한 가지 해결해야 할 게 있어요. 태양 전기는 낮에 해가 비칠 때만 생산되고, 풍력 전기는 바람이 잘 불 때만 생산된다는 거예요. 우리는 아무 때나 필요할 때 전기를 쓰지요. 스마트폰, 컴퓨터, 세탁기, 냉장고, 텔레비전 같은 제품들 모두 콘센트에 꽂기만 하면 전기가 공급

돼야 해요. 지금은 화력 발전소와 원자력 발전소에서 하루 종일 전기를 생산해서 공급을 하니까 아무 문제 없이 마음대로 전기를 쓸 수 있어요. 그런데 이런 발전소가 없어지고 태양광 발전소와 풍력 발전소에서 전기를 공급한다고 해 봐요. 밤에는, 바람이 불지 않을 때는 어떻게 하지요? 그러니까 이것들은 아무리 많이 건설해도 가스나 원자력이 뒷받침되지 않으면 안 된다는 주장이 힘을 얻는 거예요.

밤에 그리고 바람이 불지 않을 때 가스 발전소가 전기를 생산해서 공급해야 한다는 것인데, 전기 자동차처럼 할 수도 있지 않을까요? 해가 아주 좋을 때나 바람이 많이 불 때 넘쳐 나는 전기를 배터리에 저장했다가 밤에 필요할 때 공급하는 것 말이지요. 아주 커다란 배터리를 여기저기 설치해서 전기를 저장해 두었다가 필요할 때 꺼내 쓰면 되는 거예요. 물론 이런 방법에 대해 비판하는 목소리도 많아요. 원자력을 좋아하는 사람들은 돈이 너무 많이 들고 화재 위험도 있고 배터리가 폐기물이 되면 처리도 어렵다는 등의 이유를 대지요.

완전히 틀린 말은 아니에요. 배터리가 아직 비싼 것은

바다 위 풍력 발전소
사진 Pixabay 제공 ©ELG21

사실이고, 나중에 배터리 폐기물도 많이 나올 수 있으니까요. 그렇지만 어떤 기술이든 처음에는 비싸요. 그리고 시간이 갈수록 싸지고요. 태양광에서 이미 보았지요. 배터리도 마찬가지예요. 30년 전에는 배터리 가격이 지금보다 거의 50배나 비쌌어요. 10년 전과 비교하면 배터리 가격이 5분의 1로 떨어졌고요. 2030년쯤이면 지금의 절반 아래로 떨어질 거예요. 그렇게 되면 전기 자동차도 지금보다 훨씬 싸질 것이고, 태양광 발전이나 풍력 발전을 뒷받침하는 배터리 저장 장치도 큰 부담이 되지 않을 거예요.

전기 자동차 가격에서 가장 큰 비중을 차지하는 것은 배터리 비용이에요. 자동차 가격이 5000만 원이라면 배터리 비중이 2000만 원 가까이 돼요. 그런데 배터리 비용이 절반으로 떨어지면 자동차 가격은 4000만 원으로 낮아지고, 전기 자동차 보급도 훨씬 더 늘어나겠지요. 배터리 저장 장치는 이제 조금씩 보급되고 있는데, 가격이 떨어지면 빠른 속도로 퍼져 갈 거예요. 지금 전기 자동차로 유명한 테슬라라는 기업체에서는 메가팩이라는 커다란 배터리 저장 장치를 만들고 있어요. 이 장치 한 개에 전기를 가득 저장하면 해가 비치지 않는 밤 시간 내내 300가구에 전기를 공급할 수 있어요. 2030년경에 배터리 가격이 지금의 절반 아래로 떨어지면 햇빛이 아주 좋은 곳에서는 태양광 발전과 배터리 저장 장치만 설치해도 원자력이나 화력 발전보다 더 싸게 전기를 공급할 수 있을 거예요.

이미 오스트레일리아, 하와이의 섬들, 캘리포니아 등지에는 대규모 저장 장치들이 태양광 발전소와 함께 설치되고 있어요. 하와이의 카우아이섬에서는 석유 발전소를 줄이고 수력 발전소, 태양광 발전소, 저장 장치 등을 통해 전기를 공급하고 있어요. 이미 2021년에 전기의 69%를 재생 가능 에너지로 생산해서 공급했어요. 100% 달성할 시기는 2045년으로 계획되어 있는데, 그것보다 일찍 달성될 것으로 예상돼요. 오스트레일리아에서도 대규모 태양광 발전소와 대형 배터리 저장 장치를 동시에 설치하는 공사들이 빠르게 완성되고 있어요. 이런 지역에서는 시간은 수십 년 걸리겠지만 재생 가능 에너지와 저장 장치로 모든 에너지를 공급하는 에너지 전환을 달성하게 될 거예요.

국민의 동의로 에너지 전환 가능하다

우리나라는 오스트레일리아나 하와이섬들에 비해 인구는 아주 많고 활용 가능한 땅은 적어요. 조건이 나쁘다고 할 수 있지요. 그래도 가능성은 검토해 봐야 해요. 재생 가능 에너지는 태양 에너지, 풍력, 수력, 바이오, 지열, 조력 등 여러 가지가 있어요. 이 중에서 우리나라에서 활용 가능한 것은 주로 태양 에너지와 풍력 발전이에요. 태양 에너지는 건물과 맨땅에 설치한 태양광 발전소를 통해 이용할 수 있고, 풍력은 육지보다는 바다에 풍력 발전기를 건설해서 전기를 생산할 수 있지요.

앞에서 계산했듯이 태양광 발전만으로 모든 에너지를 공급할 때 필요한 면적은 약 17,000㎢, 풍력 발전기로는 약 165,000개가 필요해요. 에너지 소비를 줄인다고 하면 이 면적과 숫자도 줄어들겠지요. 사실 우리나라의 에너지 소비는 다른 선진국에 비해 상당히 높아요. 미국, 일본, 독일, 프랑스 같은 나라들과 일 인당 소비를 비교하면 우리는 미국 다음으로 많이 사용하고 있어요. 또 주목

하와이 카우아이섬 테슬라 배터리 저장 장치.

할 점은 위의 네 나라는 에너지 소비가 계속 줄어드는 데 비해, 우리나라는 계속 증가한다는 것이에요. 아마 몇 년 지나면 우리나라의 일 인당 에너지 소비는 미국과 거의 비슷해질 거예요. 세계 최고 수준이 되는 것이지요.

그래도 우리 국민이 열심히 노력해서 에너지 소비가 2060년까지 50% 줄어들고, 태양 에너지를 70%, 풍력을 30% 활용한다고 가정하고 시작해 봐요. 그러면 태양광 면적은 17,000의 35%가 되니 5,950㎢, 풍력 발전기는 165,000개의 15%인 24,750개가 필요하게 되네요. 우리나라의 에너지 공단에서 발표한 자료에 따르면 태양광 발전소를 설치할 수 있는 건물의 지붕이나 벽의 면적은 약 1,200㎢ 정도 돼요. 나머지 4,750㎢는 땅에 설치해야 하는데, 우리나라 농토의 면적이 15,500㎢이니까 3분의 1 정도 설치하면 되겠네요.

그러면 농토가 없어지고 농사를 짓지 못하는 것 아니냐고요? 그렇지는 않아요. 영농형 태양광 발전소를 설치하면 농사도 짓고 전기도 생산할 수 있어요. 이 방식은 논이나 밭에 높게 지지대를 세우고 그 위에 태양광 전지판을 설치하는데, 위에서는 전기가 나오고 땅에서는 곡식이

나 채소 같은 작물을 재배할 수 있지요. 독일에서 넓은 땅 절반에는 이렇게 태양광 발전소를 세우고 나머지 절반에는 세우지 않고 감자를 재배했는데 수확이 거의 같았다는 연구 결과가 나왔어요.

풍력 발전기 24,750개는 대단히 많은 것 같지만 우리나라의 바다가 넓기 때문에 계획을 잘 세우면 설치하는 것이 불가능하지는 않아요. 우리나라와 같이 바다가 넓은 영국에서는 바다에서 풍력 발전을 많이 하고 있어요. 지금 영국 바다에 세워져 있는 풍력 발전기가 2,500개 정도 되지요. 계속 증가하고 있고, 2030년에는 5,000개로 늘어나게 돼요. 2050년까지는 얼마나 증가할지 알 수 없지만, 이런 추세라면 20,000개도 가능할 거예요. 우리나라는 지금 시작이지만 서해, 남해, 동해 바다에 2060년까지 40년 동안 영국과 같이 매년 500개씩 건설해 가면 20,000개 정도는 세울 수 있지 않을까요?

그러면 비용은 얼마나 들어갈까요? 앞으로 기술 발달과 대량 생산으로 건설비가 계속 줄어들겠지만 지금의 기준으로 계산하면 태양광, 풍력, 배터리 저장 장치 모두 합해서 3000조 원 이상 들어갈 거예요. 우리나라 1년 예

독일 농가 창고 위 태양광.

독일 물류 창고 위 태양광.

산이 2022년에 약 600조 원이었으니 엄청나게 많은 돈이지요. 40년이란 기간을 고려하면 1년에 75조 원 정도 되네요. 우리나라의 경제력으로 감당할 수 없을 정도의 돈은 아니라고 할 수 있지만, 중요한 것은 우리 국민의 동의겠지요. 국민 대다수가 에너지 전환이 반드시 이룩되어야 한다고 생각한다면 이 정도 돈은 지출할 수 있을 거예요. 그래서 에너지 전환이 달성된다면 우리나라의 미래는 매우 밝을 거예요.

이미 시작된 에너지 전환

에너지 연대

이영경(에너지정의행동 사무국장)

2023년 초 UN 사무총장은 지금 나타나는 기후 위기 현실은 '똑딱거리는 시한폭탄'과 같다고 했습니다. 우리가 지금 당장 행동에 나서지 않으면 집단 자살의 길에 들어서는 것이라며 강하게 경고했지요. 이 말을 굳이 인용하지 않더라도 우리는 기후 위기 문제가 매우 심각하다는 사실을 알고 있습니다. 하지만 무엇을 얼마나 바꾸어야 하는지, 그 변화를 위해 나와 우리는 어떤 노력을 해야 하는지 말하기는 어렵습니다. 어떤 사람은 '기후 우울증'에 걸릴 정도로 민감하게 느끼지만, 어떤 사람은 '설마' 하면서 미래의 위험으로 미루기도 합니다.

하지만 한 가지 확실한 것은 지금 우리가 삶의 방식을 바꾸지 않으면 머지않은 미래에 더 큰 '위험'이 다가온다는 사실이며, 그 위험을 줄이는 변화에 다 같이 손을 내밀고 힘을 실어야 한다는 사실입니다.

나 혼자만
실천하고 있는 것은 아닐까?

“그냥 여기 큰 통에 쏟아 넣어요.” 고속도로 휴게소에서 플라스틱, 종이, 일반 쓰레기 등 각각 글씨가 적혀 있는 통을 찾아 내가 버리려는 물건들을 골라 넣고 있을 때였습니다. 청소함을 든 아저씨께서 큰 쓰레기통을 내밀며 여기에 한꺼번에 넣으라고 말씀하셨습니다. 각각 이름이 적힌 통을 찾아 눈을 굴리던 것이 무안해서 얼른 그 안에 쏟아 넣고 돌아섰습니다. 이렇게 분리하지 않고 다 같이 버려도 되는 걸까, 속으로만 걱정하면서 말이지요.

또 이런 일도 있었습니다. 반찬 몇 가지를 사려고 시장에 갔습니다. 일회용 플라스틱 용기를 덜 쓰고 싶어서 집에 있는 반찬통을 들고 갔지요. 몇 가지 반찬을 고른 후 통에 담아 달라고 요청을 드렸습니다. 그런데 사장님이, 이미 다 포장이 된 거니까 굳이 통에 담아 가려면 포장된 것을 뜯어서 통에 옮겨 담아 가져가라고 하시더라고요. 결국 직접 통을 가져간 것이 아무 의미 없는 행동이 되어 버렸습니다. 거기서 일회용 포장 용기를 뜯어 버리나, 집에 와서 버리나 결과는 같았으니까요.

아마 여러분도 이와 비슷하게 스스로의 노력이 무안해진 경험이 있을 수 있습니다. 기후 위기 해결을 위해 작은 것이나마 실천하려고 노력하다가도 가끔은 내가 왜 이런 행동을 하고 있을까 싶을 때도 있고, 가끔은 내 행동이 허무해지는 순간도 있고요.

한여름의 어느 날, 회의하러 방문한 공간이 너무 추웠습니다. 조용히 회의실을 둘러보았지만 에어컨을 조절하는 방법을 못 찾겠더라고요. 그래서 관계자에게 실내 온도를 좀 높여 달라고 말씀을 드렸습니다. 그런데 그 건물은 중앙 제어 시스템이라 한 공간씩 제어도 안 될뿐더러 ON-OFF 스위치만 사용한다는 답을 들었습니다. 적정 온도를 효율적으로 조절할 수 없으니 그냥 에어컨을 켜 놓고 겉옷을 입고 지내는 게 더 편한 상황이었지요.

얼마 전 자기 집 베란다에 태양광 발전기를 설치하면서 겪은 어려움을 털어놓던 분도 생각납니다. 같은 아파트 주민들에게 설치 동의를 받아야 했는데, 이것저것 설명하다 보니 힘들어서 괜히 했나 후회가 되더라고 말씀하셨지요. 다행히 무사히 태양광 발전기를 설치했지만 참

힘들었다고 하소연했습니다. 기후 위기 해결을 위해서 재생 에너지를 늘려야 한다고 하지만, 개인에게는 이렇게 작은 발전기 설치를 하는 것에도 장벽이 높다면서요. 비슷한 상황을 겪어 본 저도 참 많이 공감하면서 제도적인 변화가 부족한 것이 아쉬웠습니다.

2019년에 한 설문 조사 기관이 진행한 설문 결과를 보면 이런 경험이 나만의 문제가 아닌 것을 알 수 있습니다. 개인만 실천하고 있다고 느끼는 사람들이나 정부나 지자체의 변화가 미흡하다고 생각한다는 응답이 많았거든요.

구체적으로 살펴보자면, "국가나 개인이 노력한다면, 기후 변화로 인한 문제를 예방하거나 늦출 수 있다"고 답한 응답자가 무려 90%에 달했습니다. 또한 응답자의 58%는 스스로 "온실가스 감축 등 기후 변화 대응에 적극 노력하고 있다"고 답을 했고요. 그런데 "한국 국민은 온실가스 감축 등 기후 변화 대응에 적극 노력하고 있다"는 질문에는 "그렇다"고 답한 사람이 32%에 불과했습니다. 특히 정부나 지자체, 기업이 기후 변화에 적극적으로 노력하고 있다는 것에 동의하는 응답자는 매우 적었습니다. 설문 조사를 진행한 기관에서는 "응답자 본인은 노력하고 있다고 답한 것에 반해 주위의 노력은 상대적으로 미흡하다고 평가하고 있다"고 분석 결과를 내놓았습니다.

2021년 진행된 또 다른 기관의 조사에서는 기후 변화 악화에 대한 책임을 물었습니다. 응답자 중에서 나 자신의 책임에 동의한 사람은 44%지만, 정부의 책임에 동의한 사람은 65%, 기업의 책임에 동의한 사람은 82%나 되는 것으로 나타났습니다. 개인의 실천이 필요하지만 실제적인 변화를 위해서는 정부나 기업의 역할이 중요하다고 생각하는 것입니다.

그렇다면 나의 행동은 무의미한 것일까요? 나는 무엇을 할 수 있을까요? 아니, 무엇을 해야 할까요? 나 혼자만 하는 실천이 외롭다고, 또는 무기력하다고 놓아 버릴 수는 없습니다. 스스로의 작은 실천이 당장 큰 변화를 이끌지 못한다고 해서 그 실천이 무의미한 것은 아니니까요. 오히려 그 실천하는 마음이 '우리'가 함께하는 변화의 씨앗이 될 수 있습니다. 중요한 것은 기후 위기에 대해 공감하고 귀 기울이고 함께 손을 내밀어 주는 '연대'를 만드는 일이겠지요. 위기를 해결하고 공존의 미래를 만들고자 하는 개개인의 마음을 모아, 정부와 기업이 책임을 다하고 사회의 큰 변화를 만들 수 있도록 해야 합니다. 그러니 주위를 둘러보세요. 기후 위기에 대해 함께 나눌 사람들을 찾아보세요. 그들과 함께 어떤 행동을 할지 이야기를 나누어 보세요. 결국 세상을 바꾸는 것은 우리가 함께 만드는 연대, 그 힘에서 시작합니다.

모두가 책임이 있다는 말이 위험한 이유

기후 변화의 시작은 언제부터였을까요? 『이것이 모든 것을 바꾼다』의 저자 나오미 클라인은 그의 책에서 기후 변화는 증기 기관차에서 시작되었다고 말합니다. 증기 기관은 자연의 힘을 빌리지 않고 언제든 지구에서 뽑아 사용할 수 있는 화석 연료를 사용했습니다. 이동과 운송을 위해 말을 기르거나 급류에 물레방아를 설치하지 않아도 석탄만 있으면 언제 어디서든 작동이 가능했어요. 바람이 불지 않아도 석탄을 이용해 빠른 속도로 배를 탈 수 있었

석탄 탄광.
사진 Pixabay **제공** ©hangela

석탄이나 석유, 가스 등의 화석 연료를 기반으로 한 산업 혁명은 이산화 탄소와 같은 온실가스를 내뿜으며 기후 변화의 출발점이 되었다.
사진 Pixabay **제공** ©salamandern

습니다. 말 몇십 마리의 힘을 손쉽게 얻을 수도 있었지요. 그 힘 덕분에 당연히 더 많은 물건을 생산하고, 더 많이 내다 팔 수 있게 되었지요. 말 그대로 '혁명'이었습니다.

그런데 이것을 유지하기 위해서는 지구가 품고 있는 화석 연료를 자유롭게 뽑아 쓸 수 있어야 했지요. 우리는 수백 년 동안 화석 연료를 캐내어 물건을 생산하고 이윤을 창출하며 '부'를 만들었습니다. 결국 석탄이나 석유, 가스 등의 화석 연료를 기반으로 한 산업 혁명은 이산화 탄소와 같은 온실가스를 내뿜으며 기후 변화의 출발점이 되었습니다. 기후 변화의 해결을 모색할 때 '에너지'와 '산업' 부문을 뗄 수 없는 이유지요.

1979년 과학자들이 기후 변화에 대한 경고를 한 지 10여 년이 지난 1992년, 국제 사회는 정식으로 '기후 변화 협약'을 체결했습니다. 그러나 협약 체결 이후 30년이 훌쩍 지난 지금, 오히려 기후 변화는 더욱 심각해지고 있습니다. 이제는 비상사태, 위기, 재난, 재앙 등의 단어가 기후를 설명하는 단어가 되었을 정도입니다. 여기에 우리의 의문이 있습니다. 원인을 알고 해결 약속도 했는데 왜 해결하지 못했는지, 왜 인류는 기후 변화를 막기 위한 약속을 이행하는 것이 아닌 기후 위기를 초래하는 방향으로 나아가고 있는지 말입니다.

결론부터 말하자면, 기후 위기 해결보다 현재의 이익이 우선인 기업과 그에 영향을 받는 정치가 기후 변화 정책을 결정하기 때문입니다. 선진국의 지표로 흔히 인용되는 국민 총생산(GDP)도 한 나라 안에서 생산된 생산물의 가치인 만큼 생산량을 늘리기 위한 화석 연료의 채굴과 착취는 계속 증가했습니다. 즉, 과잉 생산과 과잉 소비를 유지해야만 '부'를 늘리는 자본의 시스템은 결국 화석 연료와의 이별을 어렵게 합니다. 화석 연료를 통해 얻은 부는 권력이 되어 국제 사회에서도 큰 목소리를 내는 주체가 되었습니다. 반면 기후 위기의 피해를 고스란히 떠안은 개발 도상국이나 작은 섬나라들은 기후 위기의 당사자인데도 막상 국제 사회의 정책을 결정할 때 동등한 목소리를 내기 어렵습니다.

국제 협약에서도 비슷한 예가 있습니다. 2021년 열린 제26차 유엔 기후 변화 협약 당사국 총회에서 석탄의 단계적 '폐지'를 언급했으나, 중국과 인도 등이 반대함으로써 결국 단계적 '감축'으로 합의했습니다. 중국과 인도 등은 최근 경제 성장을 이루며 석탄을 많이 사용하는 국가입니다. 인도의 대표는 인도가 개발 도상국의 목소리를 대신해 '기후 정의' 투사가 되겠다면서 개도국은 빈곤 문제와 싸우기 위해 석탄 '중단'이 '감축'으로 수정하는 것이 필요하다고 입장을 냈습니다. 중국도 선진국이 녹색 기금을 내기로 한 책임을 먼저 이행해야 한다고 주장했지요. 같은 시각 해수면 상승으로 물에 잠기는 국가 투발루의 외무장관은 유엔 기후 변화 협약 당사국 총회 회의장에 가지 못한 채 원래는 육지였던 투발루의 바다에서 기후 변화의 현실을 절박하게 외쳤습니다.

2017년 6월 미국의 트럼프 대통령은 파리 협정 탈퇴를 선언하며 미국의 기후 변화 대응 행동을 중단하겠다고 밝혔습니다. 세계의 언론은 트럼프 전 대통령이 석유와 가스 산업으로부터 막대한 선거 캠페인 자금을 모았다는 사실을 언급하며 미국의 파리 협정 탈퇴는 석탄 등 전통 에너지 산업을 지속하겠다는 선언과 같은 의미라고 분석했습니다. 트럼트 전 대통령은 기후 변화는 없다고 주장하며 자연을 착취하고 개발하여 이익을 얻는 사람들의 편에 서 있음을 보여 준 것이지요.

유엔 기후 변화 협약 당사국 총회 회의장에 가지 못한 채 수중 연설하는 사이먼 코페 투발루 외무장관의 모습.
사진 투발루 정부 페이스북

필리핀 인권 위원회가 발표한 '기후 변화 조사 보고서'는 기후 위기에 대한 기업의 모순을 잘 나타내고 있습니다. 화석 연료 기업들이 1960년대 중반 이후부터 기후 변화의 악영향을 알고 있었기 때문에 어쩌면 기후 위기로 인한 인권 위기를 미리 방지할 수도 있었을 것이라고 말합니다. 그러나 기업들은 기후 변화를 해결하는 노력을 하지 않고 오히려 탄소 배출을 통해 이익을 확대했다고 지적했습니다. 그동안 필리핀 국민들은 기업이 배출한 탄소로 인해 태풍과 산불 등의 피해를 입었습니다.

기후 변화를 해결하는 방법 중 대표적인 것이 바로 석탄과 석유의 사용을 점차 중단하는 것입니다. 대기 중에 배출되는 온실가스 중 대부분을 차지하는 이산화 탄소가 바로 화석 연료를 태울 때 발생하기 때문이지요. 따라서 각국 정부와 에너지 기업들은 화석 연료 사용을 줄이고 재생 에너지로 바꾸는 노력을 기울여야 합니다. '쉘(Shell)'이나 '엑손모빌'과 같은 국제 석유 기업에서도 재생 에너지 산업에 적극 동참하겠다고 밝히며 '그린 기업'을 표방했습니다. 하지만 언론에 밝힌 내용과는 다르게 실제로는 여전히 화석 연료에 투자하는 이중적인 모습을 볼 수 있습니다.

실례로 국제 환경 단체인 '지구의 벗'이 초국적 석유 기업인 쉘(Shell)을 상대로 낸 소송에서 네덜란드 법원은 지구의 벗의 손을 들어 주었습니다. 쉘이 전기차나 바이오 연료 등에 투자한다고 하지만, 여전히 화석 연료 사업에 더 많은 투자를 하면서 온실가스 감축 의무를 다하지 않았기 때문입니다.

프랑스의 최대 에너지 기업인 '토탈에너지'도 비슷한 경우입니다. 재생 에너지에 매우 적극적인 기업으로 홍보하고 있지만, 전체 산업 중에서 재생 에너지에 투자하는 금액은 매출의 1% 남짓에 불과합니다. 현재 화석 연료로 벌어들이는 수익이 막대하기 때문에 미래를 위한 재생 에너지 투자는 소홀하게 되는 것이지요.

기후 위기는 그 과학적 원인을 아는 것만으로 해결할 수 없습니다. 온실가스 때문에 기후 변화가 발생한다는 과학적 원인은 정확히 인지하더라도 정치적, 경제적, 사회적 요인들로 인해 기후 위기를 해결하지 않는 방향으로 정책을 결정하기도 합니다. 오히려 기후 위기를 가속하는 방향으로 나아가기도 하지요. 그것이 기후 변화를 인지한

후 30여 년이 지난 지금에도 아직 기후 변화 해결보다는 위기와 재난에 더 가깝게 와 있는 이유입니다. '성장'과 '이윤'을 목적으로 하는 관점에서 방향을 전환하여 위기의 해결과 공존의 관점으로 나아가는 것이 필요한 시점입니다.

전기를 절약해서 줄일 수 있는 온실가스를 생각해 봅시다. 한여름 전기 사용을 줄이고자 실내 온도를 조금 높이고 지내는 습관을 들였다고 합시다. 당연히 전기 사용량은 줄어들고, 그에 따라 온실가스 배출량도 감소할 것입니다. 이것이 개인의 실천이 가져오는 온실가스 감축 효과입니다. 하지만 에어컨을 켜는 전기를 석탄이 아닌 태양광이나 풍력으로 생산했다면 어떨까요? 실내 온도를 높여 감축한 온실가스의 양보다 훨씬 많은 온실가스를 줄일 수 있습니다. 이것이 정책의 변화로 가져올 수 있는 효과입니다.

얼마 전 한 커피 기업이 일회용 플라스틱 컵을 줄이자는 홍보와 함께 다회용 컵을 만들어 판매한 적이 있습니다. 그 기업은 일회용 컵 없는 매장을 운영한다며 친환경을 내세우고 있지만, 그 기업의 상품을 수집하고 싶은 소비자들의 욕구를 이용해 최근 3년 반 동안 1126만 개의 텀블러를 판매했다고 합니다. 결국 일회용 컵 줄이기

“우리 모두가 기후 변화에 책임이 있다는 것은 지어 낸 말이고 위험한 것이다.”
– 제네비브 권처

사진 Pixabay 제공 ©Chris_LeBoutillier

보다는 텀블러 판매가 목적이 아니냐는 비판이 일었지요. 진정으로 플라스틱 사용을 줄이려면 소비자가 직접 컵을 가져올 때 인센티브를 부여하는 등 이미 갖고 있는 텀블러 사용을 권장하는 것이 더 바람직한 방법입니다. 이것이 기업의 책임과 이어지는 변화겠지요.

“우리 모두가 기후 변화에 책임이 있다는 것은 지어낸 말이고 위험한 것이다.” 기후학자 제네비브 권처의 말입니다. 화석 연료를 추출하거나 화석 연료로 제품을 만드는 기업, 이를 장려하거나 규제하지 않는 정부, 이 제품을 사용하는 소비자들 모두 온실가스 배출에 책임을 갖지만 그 책임의 크기가 모두 같은 것은 아닙니다. 모두에게 동등한 책임이 있는 것처럼 말하는 것은 개인의 실천을 강조하게 되면서 오히려 정책을 결정하는 책임과 온실가스를 더 많이 배출하는 책임을 숨기게 됩니다. 우리는 이 체계 안에서 누가 선택권을 가졌는지 살펴보아야 합니다. 그리고 그 선택권이 어떻게 만들어지며, 누구를 위해 사용되는지 찾아보아야 합니다.

어떻게 바꿀 수 있을까?

'이제는 위기가 아닌 판결의 시간', 2023년 3월 한국의 헌법 재판소 앞에서 청소년들이 들고 있던 현수막입니다. 2020년 3월 제기한 청소년 기후 소송에 대해 헌법 재판소가 아무런 결론을 내리지 않는 것에 대해 판결을 촉구하는 기자 회견을 연 것입니다. 이들은 기후 대응의 시간이 얼마 남지 않았다면서 헌법 재판소의 현명한 결정을 요구했습니다. 이 소송을 응원하는 법조인 215명이 지지 서명을 했습니다.

2015년 미국의 청소년들도 미국 정부의 책임을 묻는 소송을 냈습니다. 원고 중 한 명의 이름을 따 줄리아나 소송이라고 불리는 이 소송은 미국 정부가 화석 연료가 기후 변화에 미치는 영향을 알고 있었으면서도 화석 연료 채취를 돕고 감축 노력을 하지 않았다는 이유를 들며 정부의 더 큰 노력을 요구했습니다. 안타깝게도 소송은 '정치적 사안'이라는 이유로 기각되었지만, 미국 전역에서 이 소송을 지지하는 캠페인이 열렸고 청소년 수천 명의 호응을 얻었습니다.

이런 소송이 확산된 데는 2015년 네덜란드 헤이그 법원의 판결이 큰 영향을 미쳤습니다. 시민 단체 위르헨다 재단이 시민 886명과 함께 정부를 상대로 낸 소송에서 법원은 네덜란드 정부가 온실가스 감축 계획을 더 적극적으로 수립하라고 판결했습니다.

기후 위기에 대응하며 싸우는 방법은 참 다양합니다. 줄리아나 소송이나 한국의 청소년 기후 소송처럼 법원의 역할을 촉구하는 대응이 있는 반면에 누군가의 권리를 보호하고 자신의 목소리를 내는 방법도 있습니다. 미국에서 진행한 '석탄을 넘어서' 캠페인이 그 대표적인 활동입니다. 석탄 발전을 중단하고 재생 에너지로 전환하는 것이 기후 위기를 해결하는 데 있어서 매우 시급한 일임을 알리고 그동안 석탄 발전 때문에 피해를 입은 주민들의 목소리를 대변하는 것입니다.

'석탄을 넘어서' 캠페인은 어느 한 사람이나 단체가 담당하는 것을 뛰어넘어 환경 운동가, 변호사, 경제학자, 의사뿐 아니라, 데이터나 미디어를 분석하고 전략을 짜는 사람, 지역 공동체 안에서 활동하는 자원봉사자나 캠페이너 등 다양한 사람들이 각자의 역할로 연대하고 행동합

2018년 10월, '기후 변화에 관한 정부 간 협의체(IPCC)'의 기후 변화 1.5도 보고서 채택을 촉구하는 청소년 기후 행동.
사진 에너지정의행동 제공

2020년 3월, 청소년들이 '탄소 중립 기본법'이 미래 세대의 기본권을 침해한다며 헌법재판소에 위헌 신청서를 냈다.
사진 청소년기후행동 제공

니다. 이런 활동을 통해 미국의 석탄 발전소를 300개 이상 퇴출하는 성과를 가져왔습니다. 10년 이상 '석탄을 넘어서' 활동을 한 활동가 메리 앤 히트는 이 캠페인에서 가장 중요한 것은 '우리는 미래를 바꿀 수 있다'는 메시지라고 말합니다.

영국의 기후 단체 '멸종 반란'은 블랙프라이데이 기간에 대형 쇼핑몰 물류 센터 입구를 차단하는 행동을 벌였습니다. 1년 치의 재고를 터는 기간인 블랙프라이데이가 과잉 생산과 소비를 부추기고 있다고 비판하며 특히 빠른 배송을 위해 온실가스 배출을 늘리고 있는 유통 기업 앞에서 상징적인 시위를 벌인 것입니다. 이 행동에는 수백 명의 청년들이 참여했습니다. 환경 단체의 압박에 유통업체들은 기후 변화에 미치는 영향을 줄이는 대책을 세우기 시작했습니다. 대표적으로 거대 유통 기업인 아마존이 2030년까지 배송 과정에서 발생하는 탄소 배출량을 '0'으로 줄이겠다고 발표했습니다. 이 목표가 달성될 수 있을지 좀 더 지켜보고 감시하는 역할도 계속 필요하지만, 기업의 책임을 촉구하는 행동의 하나로 볼 수 있습니다.

이런 변화는 비단 '온실가스 감축' 요구에만 그치는

2023년 3월, 서울 및 주요 도시에서 후쿠시마 핵 사고 12주년 집회와 탈핵 행진을 했다.
사진 에너지정의행동 제공

것은 아닙니다. 오스트리아 츠벤텐도르프에는 완공은 했으나 한 번도 가동하지 않은 핵 발전소가 있습니다. 완공 후에도 핵 발전소 가동을 반대하는 국민들의 시위가 거세지자 정부는 핵 폐기 법안을 만들고 찬반 투표를 했습니다. 반대하는 비율이 높게 나오면서 오스트리아 정부는 앞으로 핵 발전을 하지 않는다는 결정을 했습니다. 국민 여론의 힘으로 '핵 발전 희생 지대'를 만들지 않기로 한 것이지요. 그 후 츠벤텐도르프는 태양광 발전 단지로 거듭나 '세상에서 가장 아름다운 핵 발전소'로 이용되고 있습니다.

오스트리아는 핵 발전을 멈춘 후 '에너지 절약 협회'를 만들어 에너지 수요를 줄이기 위한 노력을 시작했습니다. 산업체와 은행, 시청 등의 기관과 간담회를 열고 캠페인을 진행하면서 에너지 사용을 20% 이상 감축했습니다. 더불어 수력과 바이오매스, 태양광 등 재생 에너지 확대에 집중해 2020년에 이미 재생 에너지 비중이 70%를 훌쩍 넘었습니다. 이는 정부와 지방 자치 단체, 기업, 금융, 시민 모두가 긴밀하게 협력한 결과입니다.

에너지 전환을 위해서는 에너지원을 바꾸는 것 못지

않게 에너지 생산 구조를 바꾸는 것도 중요합니다. 저 멀리 떨어진 핵 발전소나 석탄 발전소에서 만들어 송전탑을 거친 전기가 내게로 오는 동안 누군가의 희생을 만들어 냅니다. 우리 지역에서 우리가 필요한 에너지를 만들어 사용한다면 조금이나마 문제를 해결할 수 있을 것입니다. 서울의 성대골 마을 주민들은 후쿠시마 핵 사고 후 에너지 문제에 관심을 갖고 마을의 에너지 전환 운동을 시작했습니다. 마을 기업과 마을 협동조합을 만들어 스스로 학습하고 에너지를 생산, 공급하며 일상의 전환을 만들어 가고 있지요. 성대골 주민들은 일상생활에 밀접한 관계를 맺는 에너지인 만큼 시민들의 목소리를 담고 협력을 모색하는 것은 당연한 일이라고 말합니다.

사람들이 함께 공동의 목표를 가지고 노력하면 크고 작은 변화를 만들 수 있음을 보여 준 사례들은 참 많습니다. 이런 변화들이 모여 기후 위기를 막는 큰 저항의 물결로 이어질 수 있을 것입니다.

개인 실천 먼저?
제도 변화 먼저?

기후 위기를 해결하기 위해 나는 무엇을 할 수 있을까요? 앞서 말한 설문 조사에서 시민들이 가장 많이 선택한 실천은 플라스틱 분리배출입니다. 덜 사용하기 위해 노력하고, 깨끗이 씻어서 버리는 일이지요. 단순하고 쉬운 일인 것 같지만 때로는 이 분리배출이 얼마나 어려운 일인지 절감하기도 합니다. 플라스틱 용기 위에 붙은 비닐 포장을 벗기거나, 재질이 다른 플라스틱을 서로 분리하거나 할 때 생각보다 많은 노력이 들어가기 때문입니다. 손에 들고 있는 것을 분리배출함에 넣어도 되는 건지 잘 모를 때도 있지요. 가끔은 차라리 안 사고 말지 싶을 때도 있고요. 생각해 보면 개인의 실천을 독려하기 전에 누구나 쉽고 의미 있게 실천할 수 있도록 만드는 정책 변화가 먼저 필요합니다. 플라스틱 용기의 비닐을 뜯기보다는 비닐이 없는 포장을 만들거나 분리배출이 쉬운 용기를 설계하도록 하는 작업 말이지요.

얼마 전 100여 명이 넘게 모이는 기후 관련 행사장에

간 일이 있습니다. 행사를 안내하는 곳 옆에 쌓여 있는 페트병 생수가 눈에 들어왔어요. 행사에 참석한 사람들을 위한 배려였지요. 그렇지만 기후 문제를 이야기하는 자리인 만큼 그 배려가 불편했습니다. 참가 신청을 한 사람들에게 미리 개인 음료를 챙겨 오라 안내하면 좋겠다고 조심스레 의견을 내었습니다. 개인적으로 '알아서' 준비한 사람들도 있었지만, 주최 측의 안내가 있다면 개인 텀블러를 지참하는 사람들이 더 많아질 테니까요. 그래도 미처 준비하지 못한 사람들을 위해서 조그만 배려를 남기면 될 겁니다.

영국은 건물의 에너지 효율을 7단계로 나누고 기준에 미달하는 건물은 임대나 판매를 할 수 없도록 하는 '건물 에너지 성능 인증서' 제도가 있습니다. 영국 가정에서 발생하는 탄소가 국가 전체 배출에 미치는 영향이 크기 때문에 탄소 배출 규제의 하나로 수립한 계획입니다. 최고 5등급의 기준을 만족해야만 신규 거래를 할 수 있으며 위반하면 불법 행위로 벌금을 부과받게 됩니다.

최근 반복되는 폭염과 한파로 인해 냉난방을 위한 에너지 사용이 증가하고 있습니다. 건물의 에너지 효율이 높아진다면 냉난방에 사용하는 에너지를 줄일 수 있겠지요. 에너지 절약을 위해서 시민들 스스로 실내 온도를 조절하도록 홍보하는 것도 중요하지만, 에너지를 덜 사용해도 쾌적한 환경을 유지하는 집을 만들고 공급하는 것이 필요합니다. 누구나 더위와 추위로부터 안전한 집에서 살 권리를 갖고 있으니까요.

비닐봉지를 생산-판매하면 무려 4천만 원이 넘는 벌금을 내는 나라도 있습니다. 바로 케냐인데요, 케냐 국민 월 소득이 약 20만 원 정도인 걸 생각하면 엄청난 액수의 벌금입니다. 제조업자들은 이 조치에 크게 반발했지만 정부와 법원은 모두 환경 문제가 상업적 이익보다 더 중요하다고 판단했습니다. 처음에는 국민들도 이 상황에 적응하기 힘들었습니다. 무료로 제공하는 비닐봉지에 익숙했기 때문이지요. 하지만 조금 시간이 지나자 미리 장바구니를 챙기는 일이 당연한 일이 되었고, 자신이 행동을 바꾸면 더 나은 나라를 만들 수 있다는 생각으로 적극 동참하게 되었습니다. 엄청난 벌금이 이런 행동의 계기가 되긴 했지만, 그로 인해 결국 공공의 이익을 위해 작은 불편은 충분히 감수하는 시민 의식이 성장한 것입니다.

우리는 모두 스스로 결정하고 스스로 행동하길 원합니다. 기후 위기를 해결하는 행동도 마찬가지입니다. 하지만 개인의 도덕성과 책임에만 의존하기에는 기후 위기가 우리에게 오는 속도가 매우 빠릅니다. 나 혼자만 하는 실천이 아니라 함께하는 실천과 변화를 위해 공공의 약속을 정하고 약속을 지킬 것을 서로 응원한다면 더욱 긍정적인 효과를 불러올 수 있습니다.

이런 면에서 정부나 지자체, 기업이나 공동체에서 구성원들에게 내보내는 메시지가 중요합니다. 우리가 앞으로 어떤 삶을 만들어 가야 하는지 올바른 신호를 보내 주어야 합니다. 그래야 국민들은 앞으로 다가올 거대한 변화와 일상의 삶을 예상하고 대비할 수 있습니다. 몇 가지 예를 살펴볼까요?

프랑스는 2022년 8월부터 화석 연료에 기반한 에너지 산업 광고를 금지하기 시작했습니다. 더 이상 자동차에 넣는 휘발유 광고를 할 수 없다는 의미입니다. 휘발유 산업은 화석 연료를 퇴출해야 하는 기후 위기 시대에 적절하지 않은 산업이기 때문입니다. 네덜란드의 하를럼이라는 도시는 육류 산업이 기후 위기에 미치는 영향을 줄이기 위해 공공장소에서 육류 광고를 금지했습니다. 육류 산업 역시 기후 위기를 해결하는 데 역행하는 산업이기 때문에 '광고'를 통해 시민들에게 잘못된 메시지를 전하는 것을 방지하는 것입니다. 반대로 대만은 저탄소 식단을 촉진하고 채식을 홍보하는 법안을 만들어 필요한 광고를 늘리기로 했습니다.

하지만 언제나 이렇게 한 방향으로만 메시지가 전달되는 것은 아닙니다. 2022년에 여전히 우리는 효율 높은 가스 보일러로 교체하는 정책 광고를 접하고 있는 반면 독일이나 오스트리아 등은 2023년부터 가스 보일러 판매를 금지하는 정책을 펼치고 있습니다. 윤석열 대통령은 2035년부터는 경유와 휘발유 자동차 판매 금지를 공약으로 내세웠지만 우리는 여전히 수많은 내연 기관차 광고를 만납니다. 온실가스 감축이 중요하다고 하면서 석탄 발전에 투자하고 석탄 발전소를 짓습니다. 이런 상황을 접할 때마다 어떤 신호에 따라 우리가 행동하는 것이 옳은지 혼란스럽기도 합니다. 우리는 어떤 메시지를 보며 우리의 미래를 선택해야 할까요?

행동과 연대로 바꾸는 세상

'기후 변화에 관한 정부 간 협의체(IPCC)'는 2023년 발간한 6차 보고서에서 기후 변화 해결을 위한 몇 가지 솔루션을 제시했습니다. 발전 분야에서는 태양광과 풍력이 기술적으로나 경제적으로 그 어떤 에너지원보다 온실가스 감축 효과가 좋은 것으로 평가받았습니다.

하지만 이런 제안은 각 국가나 사회, 지역의 상황과 역량에 따라 조금씩 다르게 적용될 수 있습니다. 여기서 말하는 상황과 역량은 경제적 수준이나 지리적 여건처럼 당장 바꾸기 어려운 환경들도 있지만, 시민들의 윤리적 인식이나 기후 문제에 대한 인식, 정치적 결단과 같이 변화하는 환경도 해당됩니다. 즉, 개인과 조직, 사회의 내적 역량인 것이지요.

바꿔 말하면 기후 위기 해결을 위해서는 기술적 솔루션 외에도 사회 전환을 위한 '내적 전환'이 필요하며, 개인의 신념과 행동의 변화가 바탕이 되어야 한다는 것입니다. 공동의 지구에서 공동의 집을 보호하고 기후 위기로 더 많은 피해를 입는 다른 생명에 관심을 기울이는 것도 내적 역량입니다. 이를 위해 화석 연료를 많이 소비하고 성장을 지향하는 생활을 바꿔 가겠다는 마음가짐도 포함됩니다.

내가 사는 도시에서 사용하는 전기를 얻기 위해서는 어떤 방법을 선택하는 것이 좋을지 생각해 봅시다. 가장 익숙한 방법은 지금처럼 먼 거리에 있는 대규모의 석탄 발전소나 핵 발전소에서 전기를 가져오는 것입니다. 하지만 석탄 발전은 온실가스와 대기 오염 물질을 내보내고, 핵 발전은 방사능을 발생시킵니다. 각각의 지역 주민들은 위험과 불안을 안고 살아갑니다. 여전히 도시의 편리한 전기 공급을 위해 몇몇 지역을 희생시키는 것은 정의롭지 않습니다.

그렇다면 어떤 방법이 있을까요? 재생 에너지 발전소를 먼 거리에 대규모로 짓고 가져오는 방법도 가능합니다. 하지만 산지나 농지, 갯벌에 대규모로 지은 태양광과 풍력 발전소는 또 다른 생태계 파괴를 가져옵니다. 가장 좋은 방법은 전기를 사용하는 곳 가까이에 재생 에너지 발전소를 만드는 것입니다. 우리 집에, 우리 학교에, 우리 동네에, 공장이나 사무실에 말이지요. 이를 위해 필요한 '내적 역량'은 내게 필요한 전기 생산을 위해 남에게 희생

도시 태양광. 내게 필요한 전기 생산을 위해 남에게 희생을 강요할 수 없다.
사진 Pixabay 제공 ©blazejosh

뮌헨 올림픽 경기장 및 주변 부지에 설치된 태양광.
사진 Pixabay 제공 ©Stefan Schweihofer

을 강요할 수 없다는 책임감입니다. 동네에 태양광 발전기를 설치해야 한다는 필요성에 공감하고 찬성 의견을 표하는 참여와 권리 행사입니다. 잘못된 정보를 바로잡고 올바른 정보를 알리며 정책의 변화를 꾀하는 토론과 합의입니다. 석탄 발전과 핵 발전을 멈추고 재생 에너지로 바꾸는 정책을 수립하라고 목소리를 내는 연대입니다.

2021년 유엔 환경 계획(UNEP)은 개인이 기후 위기와 싸우는 10가지 방법을 누리집에 공개했습니다. 그중 첫 번째가 기후 위기에 대해 말하고 퍼뜨리는 것입니다. 많은 사람이 기후 위기의 심각성을 공유하는 것이 중요하기 때문입니다. 다양한 캠페인에 참여해 목소리를 더하는 것도 도움이 된다고 밝혔습니다. 내가 직접 옆 사람에게 알리는 것도 소중하지만 여러 사람의 목소리를 모아 더 큰 목소리를 만드는 것도 중요합니다.

유엔 환경 계획이 제안한 두 번째 방법인 정치에 대해 계속 압박하기도 그런 의미일 것입니다. 자신이 사는 지역의 정치인과 기업을 상대로 기후 위기에 대응하라고 요구하고 함께 행동할 사람들을 만드는 것입니다. 대중들이 이런 목소리를 내고, 키우고, 압박하는 것은 정책을 결정하는 데 영향을 줄 수 있습니다.

기후 위기를 막기 위해 얼마나 큰 변화를 이루어야 하는지 생각하면 막막하거나 우울해질 수 있습니다. 이상 기후로 인해 수많은 생명이 죽고, 코로나19와 같은 전염병이 출현하고, 북극의 얼음이 사라지는 등 거대한 재앙이 눈앞에 보이면 더욱 그렇습니다. 그런데도 무언가 획기적인 변화와 결단력 있는 정책이 보이지 않을 때 좌절하기도 합니다. 하지만 우리는 우리가 가진 힘을 기억해야 합니다. 우리는 늘 공동의 연대를 통해 긍정의 변화를 만들어 왔으니까요.

'운동'의 성공이 세상의 변화를 만듭니다. 기후 위기를 해결하기 위해 애쓰는 정부나 정치인이 있다면, 그들에게 힘을 실어 주는 사회 운동이 꼭 필요합니다. 사회 운동을 통해 이들을 지지하고 변화를 응원하는 한편, 거꾸로 가는 방식에는 저항하는 목소리를 내어야 합니다. 이런 목소리가 커질수록 기후 위기를 극복하는 속도가 빨라질 수 있습니다.

실제로 영국 '멸종 반란'의 대규모 시민 시위는 G7 국가 중 최초로 영국 정부가 탄소 중립을 선언하도록 이끌었고, 한국 청소년들의 기후 행동과 기후 파업은 교육청이 탈석탄 금고를 지정하도록 했습니다. 또한 기후 위기 교육을 확대하는 데 영향을 미쳤습니다.

기후 위기를 막기 위해서는 내적 역량을 키운 시민들이 모여 공동의 목소리를 내어야 합니다. 당장의 이익을 위해 행동하지 않는 기업이나 정부를 움직이는 힘은 결국 대중들에게 있으니까요. 물론 어느 날 갑자기 거대한 규모의 운동을 조직하기는 어렵습니다. 처음엔 서너 명이 모여 마을의 공공기관에 작은 태양광을 설치하라고 요구하는 것이 행동의 시작일 수 있습니다. 그런 요구가 큰 운동이 되고 어느 순간 광장을 가득 채우는 시위로 성장할 수 있습니다. 이것이 세상을 정의롭게 바꾸는 시민 권력이 될 수 있습니다. 한 사람에게 큰 권력을 쥐어 주는 것이 아니라 기후 위기 해결을 요구하는 그룹이 바로 하나의 권력이 되는 것이지요.

우리 사회에서 행동하는 시민들의 목소리를 반영하는 방법 중 하나는 투표입니다. 에릭 리우는 『시민 권력』이라는 책에서 “투표는 가장 중요한 권리이자 필수적인 책임”이라고 표현했습니다. 정치의 변화를 원한다면 기후 위기에 대해 누가 무슨 말을 하는지 주의 깊게 들어야 합니다. 그리고 말한 대로 행동하는지 살펴야 합니다. 정의로운 기후 위기 해결을 원하는 사람들이 사회 운동과 정치 행동에 적극적으로 나선다면 더 폭넓은 기후 행동을 통해 더 혁신적인 변화를 지원할 수 있습니다.

"빨리 가려면 혼자 가고 멀리 가려면 함께 가라"는 말이 있습니다. 기후 위기를 막는 것은 빨리, 그리고 멀리 가야 하는 일입니다. 변화를 만들고자 하는 나의 다짐과 노력이 공동의 변화를 위해 협력하는 사회 운동을 만났을 때, 빨리 그리고 멀리 가는 힘을 가질 수 있습니다.

자, 이제 나의 행동에 함께하자고 손을 내밀어 봅시다. 그 손에 손을 이어 잡고 거대한 전환을 향해 앞으로 나아가 봅시다. 우리가 만드는 연대의 힘이 세상을 바꾸는 열쇠가 될 것입니다.

'수리할 권리'를 요구하는 사람들

어떤 물건을 사용하다가 작은 부품 하나가 고장이 난 탓에 그 물건을 새로 산 경험은 누구나 있을 것입니다. 아끼던 라디오도, 오래 사용한 선풍기도, 최신 아이팟도, 심지어 100만 원이 훌쩍 넘는 냉장고나 세탁기도 수리하기보다는 새 제품을 구입하는 것이 더 '싸게 먹히는' 경우가 잦습니다. 부품이 단종되었거나 수리비가 더 많이 든다는 이유지요.

경제 용어에 '계획적 진부화'란 말이 있습니다. 기업들이 일부러 제품의 수명을 짧게 하거나, 수리를 어렵게 한다는 말입니다. 이유는 분명합니다. 제품을 더 많이 팔아 더 많은 이윤을 남기기 위함이지요. 2500시간이나 되던 전구의 수명이 전구 회사들의 담합으로 1000시간으로 줄어든 것도, 아이팟 배터리 수명이 설계부터 18개월로 제한된 것도, 배터리 수명이 다하면 스마트폰을 새것으로 바꿔야 하는 것도 그런 이유입니다. 당연히 제품 생산이 더 많아지고 그만큼 폐기할 것도 많아집니다. 생산을 위한 자원은 계속 착취당하고 폐기된 자원으로 환경은 더 오염됩니다.

이런 문제를 보면서 최근에는 '수리할 권리'를 요구하는 목소리가 높아지고 있습니다. 수리권은 소비자가 수리가 쉽고 튼튼한 제품을 사용할 권리와 수리가 필요할 시 어디서든 쉽게 수리할 수 있도록 하는 권리를 말합니다. 유럽 연합(EU)은 2022년 '에코 디자인 지침'을 만들었고, 프랑스는 2021년부터 '수리 가능성 지수' 표기를 의무화했습니다. 우리나라에서도 많은 시민이 수리권을 요구하며 서명 운동과 캠페인을 벌였습니다. 시민들의 요구는 정부의 정책을 바꾸는 힘이 되었습니다. 환경부는 법적 근거에 대한 논의를 시작했고, 국회는 '수리할 권리에 관한 법률안'을 올렸습니다.

기후 위기는 우리들의 아껴 쓰는 습관으로만 해결할 수 없습니다. 더 많이 생산, 소비하는 성장 사회가 아니라 필요한 것만 생산, 소비, 순환하는 지속 가능한 사회로 바뀌어야 합니다. 그 가운데 신상에 대한 욕심을 버리는 '소비자의 의무'가 아니라, 사회 변화를 요구하는 '시민 권리'가 작은 시작일 수 있습니다.

나와 지구를 위한 슬기로운 환경 생활

에너지 절약

신지혜(나투라프로젝트, 요가포굿라이프 운영자, 요가 강사)

여러분은 성인이 된 자신의 모습을 상상해 본 적이 있나요? 어떤 미래를 그리고 있나요?

저의 청소년기를 돌이켜 보면 저는 늘 멋진 커리어 우먼을 꿈꿨습니다. 제가 생각하는 멋진 커리어 우먼의 모습을 구체적으로 묘사해 보자면, 네온사인이 번쩍이는 화려한 도시 속 고층 빌딩에 머물며 멋진 외제 차를 타고, 동물 털로 만들어진 세련된 고급 슈트를 입은 채 한 손엔 가죽으로 된 명품 가방을 들고 또 한 손엔 일회용 컵에 담긴 커피를 들고 다니며, 주말이면 유명한 레스토랑에서 스테이크가 나오는 고급 코스 요리를 즐기고 계절마다 해외로 골프 여행을 다니는 당당한 여성의 모습이었어요. 그리고 성인이 된 후, 그런 삶을 위해 부단히도 노력했습니다.

성인이 되고 돈을 벌기 시작하며 저는 제 자신을 돌본다는 명목으로 여러 명품 화장품과 향수를 사 모으고,

매 시즌 나오는 신상 옷과 휴대 기기들도 놓치지 않고 사들였어요. 주말이면 친구들과 만나 유명 레스토랑을 찾아다니고, 일 년에 한두 번은 비행기를 타고 해외여행을 다니며 호화스러운 호캉스를 즐기기도 했네요. 이런 특별한 이슈가 아니더라도 일상에서 위생과 편의를 위해 쓰고 버린 일회용 컵과 비닐 봉투 등 플라스틱 쓰레기도 셀 수 없이 많을 거예요. 그야말로 저는 제가 청소년기에 그렸던 '멋진 어른'에 가까워지기 위해 여러 가지 노력을 했답니다.

그런 삶을 살아가며 저는 행복했을까요? 예상하고 있겠지만, 저는 전혀 행복하지 않았어요. 새로운 물건을 사들이기 무섭게 더 새롭고 좋은 성능의 제품들이 출시되었죠. 그러면 제 목표는 더 새롭고 좋은 것으로 대체되었습니다. 그렇게 채워도 채워도 부족한 소비의 굴레에 갇히며 저는 무언가 잘못되고 있다는 것을 직감할 수 있었어요. 겉모습은 점점 더 화려해지고 있었을지 몰라도 마음은 늘 공허했지요. 결국 20대 후반, 저는 우울증과 공황장애라는 마음의 병을 얻게 되어 일과 공부, 사랑 모든 것을 중단하고 맙니다.

그 후, 어느 정도 숙고의 시간을 거친 다음 깨닫게 된 것이 하나 있어요. 그동안 제 삶의 목표이자 꿈이라고 믿었던 것이 모두 제 것이 아니었다는 것을 알게 되었지요. 제가 원한 것이 아닌, 자본주의 사회가 만들어 낸 '멋진 삶'이라는 허상에 소중한 제 인생을 끼워 맞추고 있었다는 것을요.

그다음 알게 된 더욱 놀라운 사실은 그러한 물질주의적 삶이 개인은 물론이거니와 다른 생명과 지구에 엄청난 해를 가하고 있다는 것이었어요. 그때 저는 다짐했답니다. 지금부터라도 내 삶의 주인이 내가 되는 주체적인 삶을 살자고. 나아가 나를 포함한 다른 생명과 지구 환경을 해치지 않는 삶을 살아가자고요.

그런 마음으로 일상의 방식들을 하나하나 바꿔 나갔어요. 나만 잘살면 되는 이기적인 삶에서 다른 생명과 지구를 생각하는 이타적인 삶의 방식을 모색하고 적용해 나갔죠. 그러자 놀랍게도 저는 더 건강해졌고 더 행복해졌고 더 풍요로워졌습니다. 물론 제가 10대에 그렸던 모습과는 다른 모습의 어른이지만, 저는 그 모습보다 훨씬 더 아름다운 인간으로 성장했다고 믿어요.

이 장에선, 제가 그동안 탐구하고 어렵지 않게 일상

에서 적용해 온 나와 지구를 위한 슬기로운 환경 생활과 그에 대한 마음가짐을 전하고자 해요. 우리 다 같이 더 멋진 나, 더 아름다운 지구를 떠올리며 하나씩 실천해 보아요!

나와 지구의 건강을 위한 다섯 가지 실천 지침

제가 삶을 정상 궤도로 돌려놓기 위해 가장 먼저 노력했던 것은 바로 몸을 건강하게 하는 일이었어요. 마음의 병을 얻으며 외출을 꺼리게 됐고, 운동은커녕 배달 음식과 인스턴트 음식으로 끼니를 때우는 일이 잦아지자 몸에도 적신호가 오더라고요. 추운 겨울이 지나가고 꽃 피는 봄이 오자 변화해야겠다는 결심을 했고, 그날로 운동화 끈을 동여매고 집 밖으로 나가 걷기 시작했어요. 계절을 감각하며 걷는 일은 몸과 마음을 회복하는 데 정말 큰 도움이 되었습니다.

그 후 본격적으로 몸을 돌보기 위한 요가와 마음을

몸을 돌보기 위한 요가와 마음을 돌보기 위한 명상을 시작했다.

돌보기 위한 명상을 시작했고 점차 모든 것이 회복되어 감을 느낄 수 있었어요. 자연스럽게 요가 선생님이 되기 위한 과정을 거치며 요가 아사나(동작)와 더불어 요가 철학을 공부하게 되었어요. 그것이 나 자신과의 관계 또 나와 다른 생명과의 관계, 나아가 세상과의 관계에 대해 성찰하고 숙고하는 계기가 되었습니다. 그것이 저의 슬기로운 환경 생활의 시작이었어요.

여러분께 제게 가장 큰 울림을 주었던 요가 철학 중 하나를 소개해 보려고 해요. 모든 요가 사상의 토대가 되는 파탄잘리의 아쉬탕가(Ashtanga) 요가는 여덟 가지 단계로 이루어져 있어요. 그중 첫 번째로 소개되는 야마(Yama)는 전 인류에게 공통적으로 전하는 보편적 도덕률에 대한 5가지 금계 지침입니다. 저는 일상에서 크고 작은 갈등이 있을 때 늘 이것들을 기억하고 삶에서 실천하려고 노력하고 있어요. 지나고 보니 그 실천이 제 자신은 물론 주변과 환경을 돌보는 데도 큰 도움이 되더라고요.

1. 아힘사(Ahimsa) : 해치지 않음

야마의 첫 번째 지침은 아힘사(Ahimsa), '해치지 않음'으로 뒤이어 소개할 다른 지침들의 토대가 되는 지침입니다. 조금 더 풀어서 이야기해 보자면, 우리가 일반적으로 생각하는 '해함'이란 타인에게 의도적으로 가하는 직접적인 폭력 또는 폭언을 말해요. 타인에게 가하는 해함 외에도 자신에 대한 방관 혹은 자학도 나에 대한 해함이 될 수 있어요.

그뿐만 아니라 우리는 직접적이지 않고 의도하지 않고도 누군가를 해할 수 있습니다. 예를 들면 동물 실험에 따른 부작용으로 인해 고통받는 토끼, 플라스틱 고리가 목에 걸려 성장할수록 죽어 가는 거북이…. 그 누구도 이러한 비극적인 결말을 예상하고 화장품을 사용하거나 플라스틱 쓰레기를 버린 건 아닐 테지만, 결국 그러한 행동과 소비들이 모여 직간접적으로 다른 생명이나 생태 환경에 해함을 가하고 있어요. 저는 최소한 우리가 모른다는 이유로 누군가가 고통받지 않았으면 좋겠어요. 나의 평범하고도 습관적인 일상으로 인해 누군가에게 해함을 가하고 있진 않은지 한번 생각해 볼까요? 그 해함을 멈추기 위해서 우리는 어떠한 노력을 할 수 있을까요?

2. 사트야(Satya) : 진실함

두 번째 지침은 사트야(Satya), 바로 진실함입니다. 사트야는 반드시 앞서 이야기한 아힘사와 조화를 이루어야 합니다. 우리는 어릴 때부터 늘 '거짓말하지 말아야 한다', '진실해야 한다'고 배워 왔지만, 사실 요즘 지키기 힘든 것 중 하나일 거예요. 몇 가지 예를 들자면, 우리가 흔히 말하는 '팩트 폭력'은 진실할 수 있지만 누군가에게는 해침이 될 수 있습니다. 반대로 '선한 거짓말'은 누군가를 해치지 않을 수 있지만 책임 회피가 될 수 있겠고요. 일례로 저는 많은 기업이 환경 보호를 앞세워 자신들의 이득을 챙기며 소비자를 기만하는 그린워싱을 볼 때면 무척 아쉽습니다. 진실함을 가려내기 위해서는 먼저 바르게 볼 수 있는 지혜가 필요하겠죠? 노력이 필요한 부분입니다.

3. 아스테야(Asteya) : 훔치지 않음

세 번째 지침은 아스테야(Asteya), 훔치지 않음입니다. 먼저 훔치는 행위는 어떤 상황에서 일어날까요? 바로 자신이 가진 것에 만족하지 못하고 남의 것이 더 좋아 보여 탐이 날 때입니다. 유무형의 재산을 훔치는 일은 사회에서 엄격하게 법으로 규정한 범죄이나 사실 우리는 일상에서도 크고 작은 훔침을 합니다. 이를테면 누군가의 성공을 얕잡아 보는 일은 나의 생각으로 그의 노력을 훔친 것이며, 나의 나태함으로 인해 우리는 자신에게서 성장할 기회를 스스로 훔치기도 합니다. 그뿐만 아니라 당장의 편의를 위해 탄소를 많이 배출하는 생활 태도는 다른 생명의 안위와 미래 세대의 것을 훔치는 행위가 될 수 있어요.

4. 브라마차리야(Brahmacharya) : 절제

네 번째 지침은 브라마차리야(Brahmacharya), 보통 절제 또는 금욕이라고 합니다. 조금 더 의미를 해석해 보자면, 우리는 이미 선하고 성스러운 존재임을 스스로 알고 충분함을 느끼며 욕심내지 않는 삶을 사는 것을 뜻합니다. 과욕이야말로 우리의 삶과 지구가 병들어 가는 데 근본적인 원인이지 않을까요? 저는 얼마 전 종이에 검지손가락을 조금 베인 적이 있었어요. 씻을 때도 요리할 때도 타자 칠 때도 은근히 불편하더라구요. 다들 그런 경험 한번쯤은 있지요? 너무나 당연하게 느꼈던 것들에 조금만 상처가 나도 그것이 얼마나 소중한지, 얼마나 중요한 역할을 하고 있었는지 알게 되지요. 늘 당연하게 느꼈던 것들, 무엇이 있나요? 충분함을 알고 감사함을 느끼는 마음이 우리 모두가 지녀야 할 마음이지 않을까요?

5. 아파리그라하(Aparigraha) : 무소유

마지막 다섯 번째 지침은 아파리그라하(Aparigraha), 무소유로 저장하거나 모으는 것으로부터 자유로워지는 것입니다. 당장 필요 없는 것을 사 모으고, 자신은 아무 노력도 기울이지 않으면서 다른 사람의 도움으로 무언가를 얻어서는 안 됨을 뜻하기도 하지요. 무언가를 애정하는 마음이 강해지면 그것에 대해 집착하거나 소유하고 싶은 마음으로 확장되는 것은 인간의 보편적인 성격입니다. 그리고 그것이 좌절될 경우 슬픔, 실망, 불안, 분노 등의 부정적인 감정을 느끼기도 하지요.

오늘날 우리는 수많은 미디어와 광고를 통해 필요

이상의 것들이 꼭 필요하다고 느끼게 됩니다. 필요 이상의 것을 소유하지 않는 것, 이미 가지고 있는 것과 내면에서 행복을 찾는 것이야말로 지구 자원을 아끼고 환경에 해 끼치지 않는 가장 근본적이고도 자연스러운 방법이 될 거예요.

생각보다 쉬운 환경 생활 챌린지

과학자들의 의견에 따르면 개인이 환경을 위해 할 수 있는 가장 좋은 방법은 바로 생활 속에서 '탄소 발자국'을 줄이는 것이라고 해요. 즉, 화석 연료의 사용을 줄이는 일이지요. 이제 여러 해 동안 시행착오를 거치며 발전해 온 제 환경 생활을 이야기해 보고자 해요. 제가 경험한 환경 생활은 탄소 발자국을 줄여 환경에 해 끼치지 않을 뿐만 아니라, 제 삶을 보다 건강하고 편안하며 활력 있게 만들어 주었어요. 자연스레 주변에 긍정적인 영향을 미치기도 했고요. 부디 제 이야기가 여러분 마음에 작은 파장을 일으켜 일상의 변화를 다짐하는 계기가 되기를 바랍니다.

1년 차

동물 실험 화장품과 플라스틱 덜 쓰기

2016년, 요가 철학을 공부하며 '아힘사(Ahimsa), 해치지 않음'이라는 지침이 마음에 가장 크게 다가왔어요. 지금 당장 변화를 줄 수 있는 것이 무엇이 있을까 고민하며 주변을 천천히 살폈습니다. 제 시선이 꽂힌 곳은 바로 화장대 위에 가득 줄 세워져 있는 화장품과 향수들이었어요. 욕실로 달려가서 선반에 빼곡히 자리한 여러 개의 샴푸, 보디 워시, 폼 클렌징 등을 하나씩 살펴보았지만 동물 실험을 하지 않고, 동물성 원료를 배제한 '크루얼티 프리 앤 비건(Cruelty Free & Vegan)' 제품은 단 한 개뿐이었습니다. 정말 충격적으로 다가왔죠. '나의 안전함을 위해 얼마나 많은 동물이 희생되었을까?'

그리고 하나씩 정리해 나갔어요. 가장 먼저 유통 기한이 지난 것들과 유해 화학 성분이 많은 제품, 그리고 잘 사용하지 않는 색조 화장품을 폐기하고, 남은 것들은 이미 소비한 것이기에 끝까지 알뜰하게 잘 사용하기로 했어요. 그런데 정리하는 과정에서 또 한 번 놀라운 발견을 했어요. 바로 모든 것이 플라스틱 용기에 들어 있다는 사실! 플라스틱에 담기지 않은 화장품은 없을까? 고민하며 다른 선택지를 찾아보기 시작했고, 다음 소비를 위해 기억해야 할 것들은 메모를 했어요.

- **꼭 필요한 것인지 생각해 보기**
- **기능이 중복되거나 불필요하다면 한 가지만 사용하기**
- **동물 실험을 하지 않는 제품을 선택하기**
- **유해 화학 성분과 향료가 최소화된 순한 EWG(Environmental Working Group) 등급, 혹은 천연 제품을 사용하기**
- **포장과 용기가 플라스틱이 아닌 것 혹은 재활용이 쉬운 제품을 선택하기**

그러자 빽빽했던 화장대와 욕실 선반이 놀랍게도 많이 비워졌습니다. 화장대에는 비건 크림과 호호바 오일 하나만이 남았고 욕실에는 비누 한 장과 대나무 칫솔 그리고 치약 하나가 남았답니다. 아! 옥수수 전분으로 만들어진 치실은 추가 구입을 했네요. 그러자 몸을 씻고 바르는 시간과 에너지가 아주 많이 줄어들었어요. 청소하는 것도 무척 가뿐했고 가장 걱정했던 피부 컨디션 또한 많은 제품을 사용할 때와 별반 다를 것 없이 좋았고요.

사실상 우리가 사용하는 화장품은 어떤 성분이 많이 들어갔느냐에 따라서 질감이 다르고, 그 성분과 질감에 따라 기능이 달라진다고 해요. 그뿐만 아니라 화장품 생산 단가의 절반 이상은 용기 값이라고 합니다. 그러니 피부 상태가 특별히 예민하지 않은 한, 비누 한 장으로 머리부터 발끝까지 씻어 내면 되고, 건조할 때는 로션이나 크림을 여러 번 덧바르면 되지요. 세정과 보습이라는 기능은 같으니까요. 플라스틱 사용과 화학 제품에 노출되는 일이 점차 줄어들었고, 자연스럽게 지출하는 비용도 많이 줄어들어 몸도 마음도 한결 여유로워졌어요.

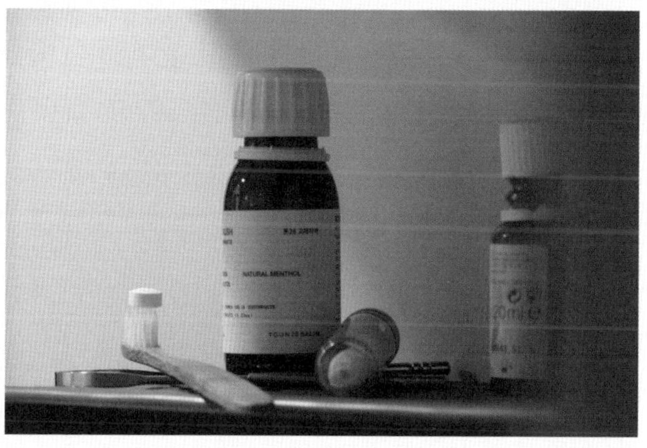

비누와 대나무 칫솔 그리고 고체 치약.

2년 차

철저한 분리배출과 플라스틱 대체용품 찾기

화장품과 생활용품을 줄이면서 플라스틱이 불편해졌어요. 그래서 생활 전반에 쓰이는 플라스틱을 살펴보고 대체 방법을 찾아보기 시작했습니다. 맨 처음은 매일같이 테이크아웃해서 마시던 커피를 텀블러에 담아 다니는 것이었어요. 그러자 커피가 차갑든 뜨겁든 온도가 오래 유지되어 긴 시간 즐기며 마실 수 있는 것과 몇몇 카페에서는 텀블러 지참 시 할인해 주는 제도가 있어 이 부분이 예상치 못했던 큰 장점이더라고요. 당연히 플라스틱 용기가 대거 발생하는 배달 음식도 주문하지 않지요. 먹고 싶은 음식이 있으면 용기를 들고 가서 직접 포장을 해 옵니다. 또 저는 항상 페트병에 담긴 2리터 생수를 사서 마시곤 했는데, 한 달에 한 번 필터만 갈아 끼우면 되는 가정용 정수기를 사용함으로써 플라스틱 사용량도 줄이고 분리배출하는 번거로움도 줄였답니다.

자주 사용하는 비닐봉지를 줄이기 위해 장바구니와

다회용기, 파우치를 적극 사용했고, 물티슈를 사용하지 않기 위해 외출 시엔 손수건을 휴대하고, 집에서는 행주를 적극적으로 사용했어요. 그리고 저는 엄청난 빵순이인데요, 빵집에 가면 미리 비닐 포장 되어 있는 빵은 고르지 않고, 챙겨 간 용기를 내밀거나 빵을 담을 때 사용했던 유산지를 재사용하여 포장해 가져오곤 했어요.

플라스틱 사용을 지양하며 생긴 변화 중 가장 만족스러운 것은 바로 일회용 생리대를 면 생리대로 교체한 것이에요. 일회용 생리대의 주원료는 플라스틱으로, 배출 시 450년 이상 썩지 않고 지구상에 머물러 있다고 하는데 상상해 보니 썩 유쾌하지 않더라고요. 사실 엄청 번거로울 줄 알았는데 그것을 상쇄할 만큼 무척 편안해요. 그래서 주변 친구들에게 강력 추천하고 있어요. 제가 사용하는 면 생리대 말고도 위생팬티나 생리컵 등 요즘은 일회용 생리대를 대체할 친환경 제품들이 많이 나오니 각자에게 맞는 제품을 사용해 보는 것도 좋겠죠? 혹은 외출 시에는 일회용 생리대를 쓰더라도 집에서는 빨아 쓰는 면 생리대를 병행해 사용하는 것도 좋은 방법이고요.

이 시점부터 확연하게 플라스틱 사용량이 줄었지만

현대 사회에서 완전무결하게 살아간다는 것은 불가능하죠. 제가 플라스틱과 비닐봉지를 전혀 사용하지 않는 건 아니에요. 특히 비닐봉지는 지난 몇 년간 직접 소비한 적이 단 한 번도 없었지만 여러 경로를 통해서 언제나 제게 들어오더라고요. 온라인 택배, 누군가에게 받은 선물 등등. 저는 그것들을 그냥 버리지 않고 귀하게 잘 모아 뒀다가 여러 번 재사용하고 있어요. 여러분은 혹시 비닐봉지가 만들어진 이유가 한 번 사용되고 버려지는 종이봉투 대신 오래 사용하기 위해서라는 거 알고 있나요? 종이봉투에 비해 내구성도 좋고 또 가볍잖아요. 그 목적대로 수명을 다할 때까지 열심히 사용합니다.

플라스틱 용기 역시 다른 것을 담는 용도로 재사용하지만 재사용이 답이 될 수 없다는 것을 기억하고 소비를 신중하게 하는 편이에요. 그럼에도 불구하고 쓰레기를 만들어 냈다면 재활용이 잘될 수 있도록 철저하게 분리배출해요. 내용물을 먼저 잘 비우고 세척한 후에 겉에 붙은 라벨지를 제거하기, 또 택배 박스에 붙은 비닐 테이프도 꼼꼼하게 떼어 낸 후에 납작하게 접어 분리배출하기를 습관화했어요. 다 먹은 두유팩도 일일이 펼쳐 잘 씻어 말린

후 생협이나 동사무소에 가서 필요한 것들로 교환을 하고, 폐건전지는 위험하지 않도록 반드시 폐건전지 수거함에 모아 배출했어요. 엉뚱한 곳으로 흘러 들어가 누군가에게 해가 되지 않기를, 또 자원이 잘 순환되어 제 역량을 톡톡히 하기를 바라는 마음으로요. 처음에는 다소 번거롭다는 생각이었지만, 이제는 불편함을 느낄 수 없을 만큼 익숙해졌어요.

3년 차
푸드 마일을 고려하는 채소 지향 식습관

3년 차에 접어들며 일상 속 에너지 절약을 위해 실내 온도를 적정 온도로 유지하거나 가까운 거리는 대중교통과 자전거를 이용하는 등 다양한 노력을 했습니다. 또 물 소비량을 줄이기 위해 양치 컵을 사용하고 샤워하는 시간을 줄이기도 했죠. 그러던 어느 날, 〈카우스피라시〉라는 환경 다큐멘터리 영화를 보게 되었어요.

그 다큐멘터리 영화를 만든 감독은 저처럼 일상 속

탄소 발자국을 줄이기 위해 다양한 노력을 하는 사람이었는데요. 해당 영화를 통해서 오늘날 축산업이 그간의 노력이 무색할 만큼의 엄청난 탄소를 방출한다는 사실과 그 방식이 매우 비윤리적이라는 근거를 알려 주었습니다. 한 예시로 바로 매일 2~3분가량 짧은 시간 내에 샤워를 하며 절약한 물의 양보다 맥도날드에서 판매하는 작은 불고기 버거 하나를 만드는 데 들어가는 물의 양이 더 많다는 통계였죠. 무척 충격이었답니다. (실제 소고기 1킬로그램을 생산하는 데 쓰이는 물의 양은 자그마치 15,000리터라고 해요.)

또한 가축들이 배출하는 온실가스가 모든 교통수단의 배기가스량보다 많으며 더 해롭다는 사실도 놀라웠고요. 그동안 플라스틱 사용을 줄이고 에너지 절약을 했던 노력들이 억울할 지경이었어요. 백날 분리배출하고 물을 아끼고 플라스틱을 쓰지 않아도, 햄버거 하나를 먹으면 말짱 도루묵이라는 억울함! 그 영화를 본 후 저는 식습관을 적극 개선해 나가기로 결심했어요. 처음엔 일주일에 하루 채식, 그다음은 하루 한 끼 채식. 이런 식으로 점차 채식 식사의 비중을 높여 나갔습니다. 지금은 주변 친구들과 가족들도 제 신념을 존중해 주며 함께 맛있는 채소 요리를 즐겨 주고 있어요.

저는 이전까지 동물 실험 화장품의 사용을 꺼리면서 직접 동물을 먹고 있었다는 사실에 무척 당황했어요. 육류를 특정 생명이라고 생각하기보다는 식품으로 여겼기 때문이겠죠? 왜냐하면 우리는 잘 손질되어 깔끔하게 포장된 육류만을 접하니까요. 이후 저는 공장식 축산업의 윤리적인 문제에 대해 눈을 뜨게 되었습니다. 현대인들의 육류 섭취 증가로 동물들을 비좁은 축사에 가둬 둔 채 항생제와 성장 촉진제를 투여하여 공장에서 물건을 찍어 내듯 육류를 생산하는 시스템이 도입되었고, 그것은 고스란히 우리 식탁 위에 올라오게 됩니다. 환경에 미치는 영향은 둘째치고 자신의 건강을 위해서 보다 엄격한 기준의 먹거리를 고르는 일이 필요해요.

저는 먹거리를 고를 때 '음식을 생산하는 과정부터 나에게 오기까지의 탄소량을 계산하는 푸드 마일'을 고려하여 선택합니다.

- 가공식품보다는 자연식품
- 환경에 해 끼치지 않는 유기농법으로 길러진 채소
- 이동에 따른 탄소 발자국을 줄이는 근거리에서 재배한 채소
- 보관과 방부 처리가 필요 없는 제철 채소
- 온라인 구매보다는 가급적 직거래를 통해 포장을 최소화
- 주기적으로 먹는 식품의 경우는 개별 포장 되어 있지 않은 제품
- 동물성 식품은 동물 복지, 무항생제가 인증된 제품

'you are what you eat', 당신이 먹는 음식이 곧 당신이다라는 말이 있습니다. 여러분이 좋아하고 즐겨 먹는 음식은 무엇인가요? 한번 그 성분을 살펴보며 그것이 나에게 오기까지의 경로를 그려 보세요. 여러분은 무엇을 먹고 있나요? 자신에게 좋은 영양을 주는 진짜 음식인가요? 혹은 화학 첨가물이 가득 들어간 죽은 음식인가요?

처음엔 일주일에 하루 채식, 그다음은 하루 한 끼 채식. 이런 식으로 점차 채식 식사의 비중을 높여 나갔다.

4년 차

유행이 아닌 취향에 따른 패션

슬기로운 환경 생활을 지속하던 4년 차에는 확실히 몸과 마음이 더욱 건강해짐을 느낄 수 있었어요. 더하여 지출이 현저히 줄어들며 통장에도 돈이 차곡차곡 쌓여 가는 즐거움을 느낄 수도 있었죠. 그러나 유일하게 지출이 줄어들지 않았던 항목은 바로 옷 소비였답니다.

그 무렵 '패스트 패션'에 대한 문제를 인식하기 시작했어요. 이제는 패스트 패션을 넘어 울트라 패스트 패션이라는 말이 있을 만큼 유행은 빠르게 돌고 돕니다. 패션 전문가들에 의하면 유행은 2주에 한 번씩 돈다고 해요. 놀랍지 않나요? 빠르게 변화하는 트렌드에 따라 저렴한 옷들이 대량 생산되고 소비되면서, 유행이 지나 상품 가치가 떨어지는 옷들은 대량 폐기됩니다. 그렇게 만들어진 대부분의 옷의 소재는 플라스틱 원단인데요, 그 옷들은 세탁할 때마다 미세 플라스틱을 발생시키며, 그것은 곧 강으로 바다로 흘러가 해양 생태계에도 좋지 않은 영향을 미치죠.

여러분은 옷을 구입하는 목적이 무엇인가요? 아마 가지고 있는 옷이 낡고 해져서라는 이유보다는 질려서, 유행이 지나서 새 옷을 들이는 경우가 많을 거예요. 그리고 마음 밑바탕에는 옷이야말로 나의 정체성을 드러내는 수단이라고 생각할 수도 있고요. 저도 마찬가지였어요. 당시 저는 월급이 들어오면 매 시즌 유행하는 컬러와 디자인의 신상 요가복을 구입하러 가는 것이 한 달 중 가장 설레고 기대되는 일이었어요. 그러던 어느 날, '진정 나를 표현하는 것이 옷뿐일까?'라는 생각을 했고, 옷장에 미어터지는 옷들을 물끄러미 바라보며 환경뿐 아니라 나를 위해서라도 변화를 감행해야 할 때가 되었다는 것을 직감하였죠.

그리하여 1년간의 대대적인 챌린지를 시작해 보았어요. 바로 1년 동안 옷을 단 한 벌도 사지 않기로 나 자신과 약속을 했어요. 처음 3개월은 정말 힘들더라고요. 어쩌면 TV 또는 SNS에서는 저렇게 예쁜 옷들만 입고 나오는지, 내 마음에 쏙 드는 예쁜 원피스는 왜 자꾸만 알고리즘에 의해 나에게 보여지는지. 그때마다 꾹 참으며 옷을 하나씩 정리했어요. 옷을 정리하며 정말 놀라운 사실들을 발견하게 됐습니다.

첫 번째는 사 놓고 안 입는 옷들이 생각보다 많다는 것이었어요. '아니, 이런 옷이 있었어?' 하는 옷들, 예뻐서 일단 사긴 했는데 정작 내 생활 방식이 그 옷을 입고 나갈 일이 없었던 거죠. 혹은 사이즈가 맞지 않는데 '언젠가는 다이어트에 성공해서 입고 말 거야!' 하며 방치해 둔 옷들도 많았고요. 문제는 이제 와서 보니 유행이 지나기도 하고 다시 입고 싶은 마음이 들지 않았다는 거예요. 두 번째는 비슷한 디자인과 컬러의 옷들이 많은 것을 보며 제 취향을 알게 되었어요. 세 번째는 옷이 그렇게 많음에도 불구하고 결국 내구성이 좋고 소재가 좋은 옷들만 계속 입는다는 것이었습니다.

그렇게 대대적인 옷 정리를 하고 나니 정신이 번쩍 들며 깨달았어요. '옷은 유행이 아닌 내 취향에 따라 입어야 하는 것이구나.' 그렇게 비워야 할 옷들은 모아서 기부를 하고, 중고 마켓에 판매를 하고, 폐기했어요. 재봉틀과 천연 염색을 배워서 있는 옷들을 리폼하기도 했구요.

그렇게 무려 6단 서랍장을 비워 내고, 5개의 행거 중

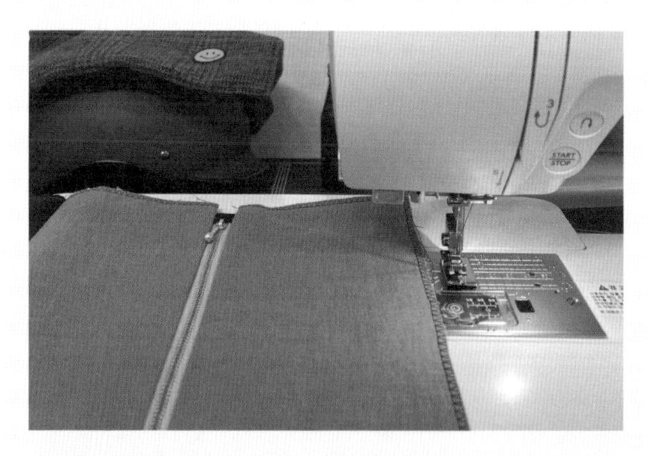

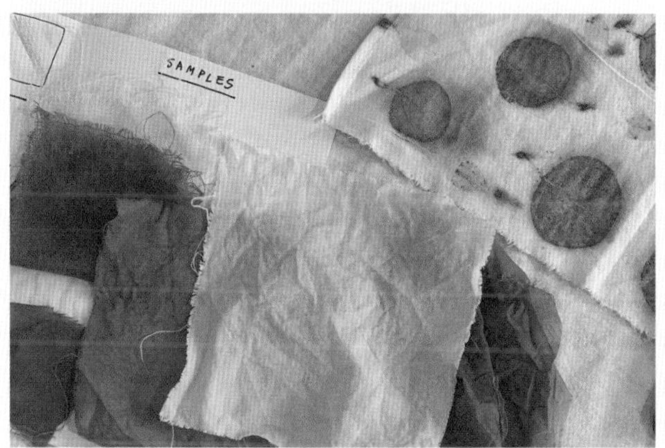

재봉틀과 천연 염색을 배워서 있는 옷들을 리폼했다.

4개의 행거를 비워 냈답니다. 그러고 나니 지금 제 옷장에는 제 취향의 기분 좋은 옷들만 걸려 있어요. 1년 동안 옷 안 사기를 기약했지만, 저는 그 다짐을 하고 16개월이 지난 후, 심사숙고하여 리넨으로 된 셔츠를 한 벌 샀습니다. 저는 얼마만큼의 지구 자원을 아꼈을까요? 생각만 해도 참 뿌듯해요.

그 후, 옷을 들이는 저의 기준은 아래와 같아졌어요.

- **오래 입어도 유행 타지 않는 옷**
- **가지고 있는 옷들과 잘 어울리는 옷**
- **내구성이 좋고 AS가 가능한 옷**
- **환경친화적 브랜드의 옷**
- **가급적 자연 소재의 원단으로 만들어진 옷**
- **면은 유기농 면을 사용하고, 플라스틱 원단의 기능성 옷은 재생 원단을 고려하기**
- **컨디션 좋은 중고 물품이 있는지 먼저 확인**
- **안 입는 옷들 리폼 여부에 대해 고민해 보기**

언제나 검정색 터틀넥에 청바지를 고집했던 스티브

잡스를 기억하나요? 그는 무엇을 입을까 고민하는 시간을 단축하고 편안함을 유지하기 위해 항상 같은 패션을 고집했어요. 그럼에도 촌스럽다는 생각이 전혀 들지 않죠. 왜냐하면 그의 패션은 유행을 따르기보다 자신의 신념과 취향, 정체성을 고스란히 나타냈기 때문이에요. 또 하나의 이야기를 해 볼까요? 많은 이들이 선망하는 명품 브랜드 중 다수는 프랑스 파리 제품이에요. 패션 감각이 좋기로 유명한 파리지앵들이 추구하는 패션은 무엇일까요? 유행에 따라 만들어진 화려한 컬러와 디자인 혹은 명품 로고가 새겨진 새 옷이 아닌 자신의 장점을 잘 살리고 취향을 드러내며, 무엇보다 오래 관리한 티가 나는 패션이라고 해요. 그리고 그 방식은 자연스레 자신과 지구를 해하지 않는 지속 가능한 패션이라는 것을 의심치 않아요.

여러분은 옷을 통해 무엇을 표현하고 싶나요? 어떤 스타일이 패셔너블하다고 느끼나요? 나만의 취향과 정체성을 드러낼 수 있는 패션, 가능하면 그것이 지구에 해함을 가하지 않는 패션이라면 더 좋지 않을까요?

5년 차

지속 가능한 공정 여행

5년의 시간 동안 나를 표현한다고 생각했던 화장품과 옷의 기준을 달리하고 다른 생명과 지구 환경을 고려하며 생활용품과 음식을 선택하는 과정은 누구보다 나에게 이롭고 즐거운 일이었어요. 더 이상 타인이나 물질주의적 사회가 규정한 '좋은 것'들이 아닌 진정 내게 필요한 것들에 대해 고민하게 되었죠. 특히나 소비의 패턴이 물건이 아닌 배움과 여행 같은 경험으로 바뀌어 나가는 것은 삶을 보다 풍요롭고 의미 있게 만들어 주었습니다.

저는 여행을 무척 좋아해요. 특히나 다른 나라의 문화를 경험하고 새로운 친구를 사귀는 것을 좋아합니다. 그렇기에 제 가장 큰 길티 플레저(죄책감을 느끼면서도 즐기는 행동)는 바로 해외여행이에요. 삼면이 바다에 분단국가인 우리나라는 사실상 섬나라와 같아서 비행기를 타지 않고서는 외국을 갈 수 없지요. 하지만 항공기를 타는 일이야말로 한 사람이 단시간 내에 가장 폭발적인 탄소를 배출하는 행위거든요. 그렇기에 특히나 해외여행은 제게 가장 행복감을 주는 동시에 막대한 죄책감을 주는 일이기도 합니다. 어느 것 하나도 쉬이 포기하기가 어려워요. 그 고민 끝에 제가 하고 있는 두 가지 방식의 여행을 소개해 보려고 해요.

첫 번째는 항공 여행은 신중하고 엄격하게 하고 있어요. 항공기가 많은 탄소를 배출한다는 것을 알기 전에는 제 스케줄에 따라 짧게 자주 비행기를 타고 여행하곤 했어요. 하지만 이제는 가급적 일정을 길게 확보해서 한 번의 비행에 만족스러운 여행을 하려고 노력합니다. 경유보다는 직항을 타려고 하며, 여행지에서 탄소를 줄이는 방식을 보다 엄격하게 준수해요.

여행 전에 움직이는 방향을 생각하며 쓰레기를 배출하지 않도록 짐을 꾸리고, 여행지에서 탄소가 적은 이동수단을 선택하는 것. 불필요한 물건이나 기념품을 사지 않고 로컬 식재료로 요리하는 채식 식당을 방문하는 것. 나아가 지역 경제에 도움이 되는 소비를 하며, 자연과 동물 서식지를 훼손하지 않는 방식의 체험 활동을 선호합니다.

조금 더 자세한 예를 들어 보자면, 이동 시 발생하는 탄소량을 고려해 버스보다 기차를 선호하고 근거리는 도

보나 자전거를 이용합니다. 미리 개인용품을 챙겨 가서 숙소에서 제공되는 일회용품 및 어메니티를 사용하지 않고, 야시장이 발달한 지역에 갈 때는 늘 다회용기와 포크를 챙겨서 일회용품 사용을 줄입니다. 동물을 관람하는 체험은 하지 않고, 자연환경을 훼손하고 만든 케이블카 같은 것은 타지 않아요. 가급적 대기업 호텔보다는 지역 경제에 도움이 되는 작은 민박이나 에어비앤비를 이용하며, 큰 프랜차이즈 식당 및 상점보다는 지역 주민들이 운영하는 곳들을 애용하죠.

두 번째는 자연에서 살아보는 캠핑 여행을 하고 있어요. 코로나19로 하늘길이 막히자 국내 곳곳으로 여행을 다니기 시작했어요. 백팩에 텐트와 작은 캠핑용품, 그리고 음식을 챙겨 숲으로 바다로 떠나 자연에서 하루 이틀 머물다 와요. 전기도 없고, 물과 불 사용도 쉽지 않고, 화장실 사용도 어려운 곳이 있어 사실 많이 불편해요. 그래도 그러한 불편하고 번거로운 경험들은 그동안 내가 얼마나 안락한 생활을 하고 있었는지 알게 해 줘요.

캠핑 여행은 일상에선 절대 느낄 수 없는 자연의 아름다움을 경험할 수 있답니다. 열심히 땀을 흘리고 올라간 산에서 바라보는 아름다운 풍경, 땀을 식혀 주는 나무 그늘, 밤하늘을 수놓은 별…. 돈을 들이지 않아도 자연은 넉넉하게 한없이 좋은 것들을 내어 줍니다. 그뿐만 아니라 파도 소리를 자장가 삼아 잠드는 일, 알람 대신 새소리에 눈을 뜨는 경험은 그러한 자연에 감사함을 느끼고 사랑하게 만드는 소중한 경험이에요. 이 아름다운 환경이 오래오래 보존되면 좋겠다는 마음이 커지는 계기가 되기도 하고요. 그런 고마운 마음을 가지고 떠나는 날에는 언제나 그곳에 버려진 쓰레기를 줍고 머문 흔적을 남기지 않고 돌아와요. 자연 활동에서의 LNT(Leave No Trace-흔적 남기지 않기)는 기본 수칙이며 상생하는 관계로서의 예의니까요.

이런 여행은 우리가 그동안 얼마나 자연과 단절되어 살았는지, 얼마나 많은 아름다움을 놓치고 살았는지 알게 해 줍니다. 그리고 일상으로 돌아오면 생활과 생각에 크고 작은 변화가 일어납니다. 편리한 생활이 더 이상 당연하지 않게 느껴지고, 이전엔 부족함을 느꼈던 것들이 오히려 만족스럽게 느껴지기도 해요. (저는 오래된 낡은 전자레인지를 바꿔야 하나 고민하던 때에 캠핑을 다녀온 적이 있었는데, 돌아와서 전자레인지를 아예 중고 판매해서 없앴답니다.) 무한정 베풀어 주는 자연을 경험하면 사랑할 수밖에 없고, 그것은 우리 각자의 마음 그리고 생활에 변화를 만들어 낼 것입니다.

아나바다 운동, K-환경 생활의 지침

앞서 요가 지침을 공부한 것이 제가 환경 생활을 시작하게 된 계기라고 이야기했어요. 여러분이 환경 생활을 보다 직관적이고 쉽게 떠올릴 수 있는 방법이 무엇이 있을까 고민한 끝에 '아나바다' 운동이 떠올랐어요. 아나바다 운동은 우리나라에서 외환 위기가 발생했을 때, 어려운 경제 상황을 극복하기 위해 등장한 운동이에요. '아껴 쓰고 나눠 쓰고 바꿔 쓰고 다시 쓰자'는 취지의 캠페인으로 요즘과 같은 기후 위기 상황에서 일회용품과 패스트 패션 문화에서 벗어나기에 더할 나위 없이 적합한 방법이라는 생각이 들어요.

[아껴 쓰기] 가지고 있는 것들을 소중한 여기는 마음, 불필요한 것들은 기꺼이 절약하고 양보하는 마음이 필요해요. 저는 요즘 전자 기기의 수명을 늘리기 위해 주기적으로 불필요한 데이터를 삭제하고, 음식도 먹을 만큼만 소량씩 덜어서 먹어요. 불필요한 사은품은 언제나 거절하고요.

[나눠 쓰기] 특정 물건을 자주 사용하지 않는다면 소유하는 대신 빌리는 것이 현명한 방법이 될 수 있습니다. 가장 쉬운 예는 바로 도서관에서 책을 빌려 읽는 것이에요. 또 자주 사용하지 않는 전기드릴과 같은 공구는 렌탈 서비스를 이용하곤 합니다.

인상 깊었던 나눠 쓰기 경험을 하나 소개하자면, 공간에 대한 공유예요. 제가 몇 년 전 일본에 요가 수업을 들으러 간 적이 있었는데 수업을 진행하는 장소가 요가 스튜디오가 아닌 채식 식당이었어요. 알고 보니 식당 영업을 하기 전, 아침 시간을 공유하는 것이었어요. 건물을 짓고 인테리어를 하는 과정, 또 유지하는 과정에도 막대한 자원과 에너지가 필요한데 참 현명한 방법이라고 생각했죠.

[바꿔 쓰기] 나에게 더 이상 필요 없는 물건을 다른 것과 교환하는 것도 자원을 아낄 수 있는 좋은 방법인데요. 특히나 신뢰할 수 있는 공동체 내에서 이뤄진다면 더 수월하겠죠? 저는 책을 주기적으로 중고 서점에 판매하곤 해요. 하지만 외곽으로 이사하며 중고 서점이 멀어지게 되고, 책 판매가 쉽지 않게 되었어요. 그래서 얼마 전, 책을 박스에 담아 아파트 1층에 둔 적이 있는데, 그 책이 필요한 다른 주민이 가지고 가시고 과일을 선물로 받은 유쾌한 기억이 있어요. 제게 필요 없는 책이 누군가에게 잘 쓰이고 제가 좋아하는 과일을 선물로 받으니 무척 뿌듯했어요! 그 계기로 이웃과 인사도 하게 되었고요. 더욱 놀라운 점은 그 후 저희 아파트에선 쓰지 않는 중고 물품을 1층 엘리베이터에 기부하는 문화가 생겼답니다.

[다시 쓰기] 수명이 다하거나 더 이상 필요하지 않은

식당 영업을 하기 전, 아침 시간을 요가 스튜디오로 공유한다.

물건을 폐기하기 전에 재사용하거나 재활용할 수 있는 방법을 찾아보는 것입니다. 저는 깨진 유리를 접착하는 공예를 통해 헤어핀과 브로치를 만들어 봤어요. 세상에 하나뿐인 물건이라 더욱 애착이 가요. 창의력을 발휘해서 나만의 물건을 만들어 보는 것, 도전해 보고 싶지 않나요?

소비자가 아닌 시민으로 소비하기

자본주의 사회에서 생활의 상당 부분은 소비를 통해 유지되고 있습니다. 그런 만큼 우리가 늘 가져야 하는 것은 소비자가 아닌 시민으로서 소비하는 태도입니다. 덧붙여 이야기하자면 '소비'라는 행위를 단순히 나의 편의와 욕구를 충족하기 위함이 아닌 사회와 환경의 변화를 기대하며 던지는 투표로 인식하는 것이죠.

예를 들면 옷을 고를 때, 지속 가능한 제조 방식을 지향하며, 사회와 환경에 기여하는 브랜드를 지지하는 마음으로 소비할 수 있겠죠. 반대로 개선이 필요하다고 느끼는 경우 해당 브랜드에 적극적으로 건의하는 자세도 중요합니다. 실제로 그런 사례들도 꽤 있었어요. 가정용 정수기를 판매하는 한 브랜드가 플라스틱 필터를 회수하는 시스템을 도입하지 않자, 소비자들은 플라스틱을 줄이고자 하는 목표로 그 필터들을 한데 모아 회수해 가라는 '어택' 운동을 진행했고, 이후 플라스틱 필터를 재활용하기 위한 수거 시스템이 도입되었어요. 또 우유팩에 붙어져 나오는 플라스틱 빨대가 불필요하다는 소비자의 항의에 빨대 없이 팩의 귀퉁이를 찢어 마실 수 있도록 개선된 사례도 있었구요.

그다음으로는 실제로 환경 의식이 있는 정치인에게 투표하는 일이에요. 사회의 시스템이 가장 빠르게 변화할 수 있는 방법은 바로 정책이 변화하는 것입니다. 사회가 변화해야 지구 환경도 빠르게 변화가 일어납니다. 그렇기에 여러분에게 투표권이 생긴다면, 정책을 꼼꼼히 살펴보고 올바른 환경 의식이 있는 정치인에게 투표권을 행사하는 것이 중요합니다.

사회와 지구 환경이 우리의 삶과 긴밀하게 연결되어

깨진 유리를 접착하는 공예를 통해 헤어핀을 만들었다.

리폼한 옷을 입고 있는 필자.

있다는 것은 여러분 모두가 잘 이해하고 있을 거예요. 그렇기에 우리의 바람과는 다르게 빠르게 악화되는 자연환경과 가속화되는 기후 위기를 지켜보고 있노라면 종종 무력감과 회의감을 느끼기도 할 겁니다. 그러나 이 위기에 절망하고 외면하는 대신 보다 낙관적이고 슬기롭게 나와 지구를 위한 생활을 적극적으로 실천해 보면 어떨까요? 우리 세대만이 이 위기를 극복할 수 있는 유일한 특권을 가진 세대일 테니까요.

함께 보면 좋은 영상

1 Netflix <미니멀리즘 : 오늘도 비우는 사람들 (The Minimalist : Less is now) >

(감독: 멧 디아벨라 | 2021, 53분, 미국 | 전체 관람가 | 다큐멘터리 영화)

줄거리: 미니멀리즘을 주창하고 실천하는 조슈아 필즈 밀번과 라이언 니커디머스의 단순하고 간소한 삶에 대해 이야기하는 다큐멘터리입니다. 가난한 어린 시절, 늘 부족함을 느끼며 살았던 두 사람은 성인이 되어서도 공허함을 채우고자 끊임없이 소비하고, 아메리칸드림을 좇으며 숨 가쁘게 살아가지요. 그러다 문득 마음속 소리를 듣게 됩니다. '이런 삶을 원하는 줄 알았는데, 내 생각이 틀렸어!' 그리하여 한 달 동안 가지고 있는 것들을 하루에 하나씩 버리며 미니멀리즘을 실천합니다. 그 결과 그들은 그토록 찾아 헤매던 것들을 이미 가지고 있었다는 사실을 깨닫게 되었으며, 그로 인해 인생이 바뀌고 진정 자신이 될 기회를 찾았다고 말합니다.
여러분의 주위를 둘러보세요. 얼마만큼의 물건에 둘러싸여 있나요? 다큐멘터리 <미니멀리즘>의 주인공들은 물건을 앞에 두고 스스로에게 묻습니다. '무엇이 필수인가?', '무엇이 필요한가?', '이 물건 중 실제로 생활에 가치를 더해 주는 건 얼마나 될까?'

2 환경스페셜 <옷을 위한 지구는 없다>

(2021. 07. 01 KBS2 방영 | 감독 : 배용화)

줄거리: 유행따라 한철 입고 버려진 옷. 그 옷들은 어디로 가나요? 헌 옷 수거함에 버리면 누군가 잘 입어 줄 거라 믿었나요? 보통 헌 옷들은 필리핀이나 방글라데시와 같은 개발 도상국으로 가서 버려집니다. 땅에 매립되다 못해 산처럼 헌 옷들이 쌓여 가고, 강으로 흘러간 옷들로 인해 더 이상 물고기를 찾아볼 수 없죠. 소각하는 과정에서 생기는 대기 오염은 그곳 사람들의 건강을 위협합니다. 우리가 누리는 편리함의 이면에는 어두운 그림자가 있음을 기억해야 합니다.

3 YouTube <물건 이야기(The Story of Stuff)>

(2009. 04. 23 | 감독 Annie Leonard | https://youtu.be/9GorqroigqM)

줄거리: 이 영상에서는 우리가 너무나 당연하게 여겨 왔던 '생산 – 유통 – 소비 – 폐기'의 경제 시스템이 실은 사회, 문화, 경제, 환경 등과 긴밀하게 관계 맺고 있음을 보여 줍니다. 우리의 소비가 사회 전반과 생태에 어떤 영향을 미치는지 그 이면을 살펴보며, 우리가 삶을 보는 방식에 근본적인 변화가 일어나야 함을 강력하게 설득합니다.
어떤 물건을 취할 때면 생각해 보세요. 이것은 어디서부터 내게로 왔는지, 그리고 나에게 어떻게 쓰이며 영향을 미치는지, 쓰임을 다한 후 버려지면 어디로 갈 것인지. 이렇게 물건의 순환을 떠올려 보면, 쉽사리 물건을 들일 수도 버릴 수도 없게 됩니다.

에너지 전환,
스스로를 알고
미래를 그리는 세계

에너지 전환 외국 사례

최우리(한겨레 신문 기자)

초등학교 때부터 친한 친구의 남편은 미국인입니다. 친구의 집은 경기도의 한 도시입니다. 친구 남편이 처음 친구의 가족들을 만나러 한국에 와서 지하철역을 나와 집으로 향하는 길에 이렇게 말했다고 합니다.

"와, 여기 라스베이거스 아니야?"

경기도의 많은 도시들을 생각해 보세요. 대부분 주택가에서 조금만 걸어 나가도 학원과 숙박업소, 노래방과 술집 등 화려한 조명이 가득하지요. 그래서 친구의 남편은 고향인 미국의 라스베이거스 밤 풍경이 떠올랐던 것 같습니다.

라스베이거스는 전 세계에서 가장 비싼 호텔과 카지노, 공연장 등이 모여 있어 향락의 도시로 손꼽히지요. 그런 공간과 한국 수도권의 평범한 도시가 비교되다니 조금은 놀랐습니다. 친구와 깔깔깔 웃으며 이야기하다가도 뭔가 찜찜한 기분이 오래 마음에 남아 있었습니다. 코로나

19가 세계적으로 확산되면서 저녁 모임이 차츰 줄어들면서 한국의 밤 풍경은 조금 차분해졌지요. 그렇지만 한국 수도권은 세계적으로도 손꼽히는 메트로폴리탄(대도시)이고, 밤에도 도시의 너무 밝은 '빛 공해'가 문제가 되었습니다. 지역에서 생산하는 에너지를 수도권에서 소비하는 불균형 문제, 화석 연료에 집중된 에너지원의 문제 등 에너지와 관련한 다양한 문제가 얽혀 있는 현실은 달라진 것이 없습니다.

저는 한국을 제대로 보기 위해서 우리와 역사와 문화가 다른 외국을 살펴보는 것도 도움이 된다고 생각합니다. 미국인인 친구 남편이 한국의 에너지 소비 실태를 예상하지 못한 방식으로 꼬집은 것처럼 평소 알지 못하던 사실을 발견할 수도 있으니까요. 외국에 갔을 때마다 또 다른 한국을 발견하는 것 같아 즐겁거나 괴롭습니다.

북유럽 국가인 덴마크로 처음 출장을 갔던 2022년 가을에 했던 고민도 비슷했습니다. 유럽의 여느 나라가 그렇듯 한국의 서울에서와 달리 덴마크의 수도 코펜하겐도 키가 높은 건물들이 적은 덕분에 하늘을 마음껏 볼 수 있는 점만으로도 서울에서의 삶과 크게 달라 보였습니다.

파란 하늘과 함께 눈에 들어온 것은 어두운 밤거리와 잘 구분된 분리수거용 쓰레기통이었습니다. 밤이 화려하지 않아도 나름대로 멋스러웠고, 꼼꼼하게 분리수거할 수 있도록 사람들의 행동을 유도하기 위해 친절하게 설명된 쓰레기통이었죠. 이걸 보고 저의 작은 행동 하나도 돌아보게 되었습니다. '이 나라는 에너지를 허투루 쓰지 않는구나'라는 생각을 했죠. 쓰레기 하나도 자원화하려고 노력하는 사회의 시스템이 좋아 보였고 어떻게 이런 문화와 제도가 마련되어 왔는지 궁금했습니다.

덴마크의 수도 코펜하겐에서 쓰레기를 태워 에너지를 얻는 열 병합 발전 시설인 아마게르 자원 센터(Amager Resource Center)를 방문했을 때도 흥미로운 점이 많았습니다. 바다가 닿아 있고 평지가 이어지는 코펜하겐 어디에서도 이 건물은 보였습니다. 그래서 이 건물의 별칭이 '코펜힐'입니다. 마치 코펜하겐에 있는 인공 산과 같다는 의미이지요. 쓰레기를 모아 연료로 발전하는 시설이지만 스키장, 하이킹 코스, 암벽 등반, 공원 등을 갖춰 시민들이 즐겨 찾는 문화 공간으로 자리 잡았죠. 건축 분야에서 가장 권위 있는 행사로 꼽히는 세계 건축 축제(WAF)에서 '올해의 세계 건축물'로 선정되기도 한 건물입니다. 쓰레기 소각장이 대표 관광지가 되어 가는 모습이 매우 흥미로웠죠. 한국에서는 발전소나 쓰레기 소각장이 '님비 시설'로만 구분되고 관광 자원처럼 활용되지 않는 것이 현실이라 부러운 마음도 들었습니다.

또 한국 숙박업소에 가면 당연히 있는 수건과 칫솔, 치약 등의 물품들이 매우 부실하게 준비돼 있었던 것도 기억이 납니다. 친환경 호텔이기 때문에 투숙객도 불편을 감수하라는 안내 문구를 봐도 기분이 나쁘지 않았어요. 이런 사례들을 보면서, 이 나라는 에너지나 자원을 재활용하는 데 효율성이 극대화된 사회라는 느낌이 들었습니다. 반면 한국은 우리가 다 느끼고 있듯이 다소 느슨하지요. 버려지는 열도, 빛도, 에너지도 많습니다. 그 이유가 무엇인지를 따져 보는 것이 중요하겠다는 생각을 하면서 귀국길에 올랐습니다.

시간은 없는데
시험은 잘 보고 싶은 전 세계

덴마크를 포함한 전 세계는 이미 에너지 문제를 해결하기 위한 여러 가지 방법을 고안해 내는 데 집중하고 있습니다. 문제는 그 과제 풀이를 할 여력이 매우 부족하다는 것이지요. 시간도 부족하고 들어갈 재원도 막대하다는 점에서 풀기 어려운 숙제를 받아 든 것은 전 세계가 마찬가지라고 생각합니다. 마치 시간은 없는데 시험은 잘 보고 싶은 수험생의 마음과 같다고 느껴집니다. 그래서 다양한 방법으로 속도감 있게 진행해야 하는 과제가 바로 이 에너지 문제입니다. 그렇지만 환경 문제는 항상 입체적이고 복합적이기 때문에 생각만큼 빠르게 전환하기가 어려운 영역이기도 하지요.

답을 찾기가 어려운 문제이지만, 그래도 최선을 다해 우리 사정에 맞는 정답을 찾아가는 노력을 사회 전체적으로 시작한 것은 좋은 변화입니다. 시민들과 좋은 기사를 통해 소통하고자 하는 기자들 역시 노력하고 있습니다. 그렇지만 에너지 기사를 쓰면서 고민이 참 많았습니다.

복잡한 모든 사회 문제가 그러하듯, 온난화에 대응하기 위해서도 장기와 단기 과제를 모두 잘 풀어야 합니다. 장기적으로는 탄소 배출을 하지 않는 에너지원으로 현재의 과도한 탄소 배출 전력원들을 전환해 가고, 단기적으로는 현재 사용하고 있는 에너지를 절약하고 그 효율을 높이는 방법을 병용해야 하지요. 동시에 지속 가능하게 안정적으로 공급을 해야 우리의 일상이 유지됩니다. 이러한 과제를 모두 해결하는 나라들이 주로 에너지 선진국으로서 모범적인 길을 걷고 있다고 볼 수 있죠.

말씀드린 대로 장기 과제는 탄소 배출량이 많은 에너지를 어떻게 바꿔 가느냐는 것입니다. 온난화라는 시험 과목에서 가장 효과적으로 공부하고 시험에 대비하는 것이 바로 이 전력 생산 방식을 바꾸는 것입니다. 기후 위기의 주요 특징인 온난화를 일으키는 주요 원인은 발전소와 산업 시설에서 만들고 이용하는 전력이 화석 연료라는 데에서부터 출발합니다.

한국의 경우 전체 전력을 생산하는 발전원의 탄소 배출량 65% 정도가 석탄이나 액화 천연가스(LNG)입니다. 과거 선진국들도 대체로 이런 비중의 발전원에 의존하고

2021년 11월 영국 스코틀랜드 글래스고에서 열린 COP26(제26차 유엔 기후 변화 협약 당사국 총회)에 모인 취재진들.

COP26에 모인 세계 정상들을 향해 기후 대응에 앞장서 줄 것을 요구하며 거리 행진 중인 시민들.

있었지요. 그래서 전 세계적으로 탄소를 포함한 화석 연료를 이용해 얻는 에너지를 탄소를 포함하지 않은 다른 대체 에너지원으로 바꾸려는 노력을 하고 있고, 일부 국가들이 이를 주도하고 있습니다. 자연의 힘, 태양과 바람 에너지를 활용한 재생 에너지가 늘고 있는 것이 대표적입니다. 발전소를 짓기 위해서는 장기적 계획이 필요하고 많은 돈과 인력이 투입되는 것을 고려할 때 각 국가마다 에너지 정책은 매우 신중하게 선택하고 집행할 수밖에 없습니다.

전환의 과정이 오래 걸리다 보니 단기적으로 이를 보완할 정책들도 필요합니다. 바로 에너지 절약과 효율을 돕는 정책과 기술 분야입니다. 현재 사용하고 있는 화석 연료의 에너지 사용량을 줄일 수 있는 기술의 적용은 온실가스 감축에 도움이 될 수 있겠지요. 세계 각국과 세계적 기업들은 기후 변화에 대응하는 기술을 개발하고 시민들의 참여를 늘리기 위한 정책을 마련하고 있습니다. 지속 가능한 에너지 사용을 위해 노력하며 장기와 단기 과제를 해결하기 위해 노력하는 외국 사례를 참고해 한국 역시 새로운 길을 열어 가야 하는 상황인 거죠. 지금부터 외국 이야기를 본격적으로 해 보려 합니다.

에너지 전환에도 민주주의가 중요

앞서 소개한 덴마크는 에너지 전환 선진 사례로 꼽히는 나라입니다. 그런데 한국과는 매우 다른 나라이기도 합니다. 인구와 면적이 한국의 10분의 1이고 소득은 한국보다 더 많지요. 흔히 '휘게'라는 단어로 덴마크 사람들을 표현하는데, 이 말은 '평온하고 소소한 행복을 누리는'이라는 의미로 부자 나라이면서 행복한 덴마크 사람들의 삶을 표현하는 대표적인 단어입니다.

덴마크도 에너지 전환 과정이 쉬웠던 것은 아니었습니다. 덴마크도 1970년대 오일 쇼크를 겪으며 화석 연료를 대체할 에너지원이 무엇인지를 고민했고, 수십 년 동안 에너지 전환을 차근차근 이뤄 온 나라라는 점에서 한국이 가야 할 길을 보여 준다고 생각합니다.

덴마크 에너지 전환 사례를 취재하면서 한국과의 차이를 가장 극명하게 느낀 것은 '소통'이었습니다. 에너지 전환 이야기를 하면서 갑자기 소통을 이야기하니 생뚱맞게 느끼실 수도 있을 것 같습니다. 그렇지만 기존의 공고

한 에너지 문제를 해결하고 실제로 에너지원을 바꿔 가기 위해서는 무엇보다 중요한 것이 우리 사회의 성숙한 민주주의와 소통 문화라는 생각을 하게 되었습니다.

덴마크 사회를 취재하면서 가장 놀랐던 점은 원자력 발전소가 없다는 것이었습니다. 원자력 발전은 세계 대전 이후 전 세계에 주어진 '프로메테우스의 불'과 같은 에너지원이었습니다. 한번 발전할 경우 대용량 전력을 생산해 낼 수 있고 우라늄이라는 상대적으로 저렴한 광물을 사용해 생산할 수 있는 것도 장점이었죠. 그러나 대형 부지와 대규모 자본, 고도의 기술이 필요하고 안전하지 않다는 의구심이 계속 남아 있었죠.

덴마크 사회도 전 세계가 겪었던 오일 쇼크를 겪으며 안정적인 에너지원이 필요하다는 자각을 하게 됩니다. 이후 원자력 발전을 도입하자는 움직임이 있었습니다. 그러나 시민들의 반대 목소리를 존중해 이 사회는 원전을 포기하기로 합니다. 좀 더 시간이 걸리더라도 덴마크가 가진 천혜의 자연환경인 북해의 바람을 이용한 풍력 발전량을 늘리는 계획에 돌입하게 된 거죠. 원자력 발전을 둘러싼 논쟁이 수십 년째 이어지고 있는 한국 사회의 모습과 비교하면 사뭇 다른 결정으로 볼 수 있습니다. 여기서 중요한 것은 덴마크 사회 스스로 사용할 에너지원을 선택했고 이 결론을 얻기까지 치열한 소통을 했다는 점입니다.

서두에 말씀드린 코펜힐을 방문했을 때의 일입니다. 한국에서는 쓰레기 소각장이자 발전 시설을 건설하기 전 지역 사회 내 갈등이 심해지곤 합니다. 예를 들어 서울의 쓰레기를 묻어 왔던 인천광역시는 더 이상 외부 쓰레기를 수용할 수 없다고 선언하기도 했고, 그래서 서울시가 쓰레기 소각장을 짓기 위해 고려 중인 한 지자체의 시민들은 연일 서울 시청 앞에 모여 시위를 했습니다. 이러한 사정을 잘 아는 한국의 기자들은 코펜힐을 방문했을 때, 이런 갈등을 해결한 방법을 소개받기를 가장 원했습니다. 어떻게 쓰레기 소각장이자 열 병합 발전소가 수도 내 너른 부지에 지어질 수 있었고, 시민들의 반발은 어떻게 해결해 갔는지 궁금해서 담당자를 만났을 때 질문이 쇄도했지요.

그런데 이 담당자는 오히려 한국의 기자들이 쏟아 내는 질문에 의아해하면서 평온하게 대답을 했습니다. 그의 말을 요약하면, 이 시설은 쓰레기 소각장이기도 하지만 에너지를 생산하는 공익성과 공공성이 있는 시설이라고 했습니다. 그리고 시민들의 편의를 생각해 관광지로 꾸미고 도시 인프라를 함께 조성해 지역 사회를 설득했다고 했습니다. 익히 잘 알고 있는 정답을 받아 들고도 한국 기자들은 머리가 어지러웠습니다. 한국 역시 수많은 전문가들의 설득과 시민들의 합의만이 정답임을 알고 있지만 현실에 적용하기가 매우 어렵기 때문이었으니까요.

풍력 발전 비중이 50%에 육박하고, 풍력 발전을 할 수 있는 인공 섬을 만들기도 하는 덴마크 역시 어민들과의 갈등이 없지 않았습니다. 그러나 정부가 주도적으로 풍력 발전 입지를 선정해 입지 선정의 정당성을 높였고, 어민들이 지속 가능한 어업을 할 수 있도록 충분한 보상을 해 주고, 산업계에도 경제성 있는 풍력 발전 산업이 가능하도록 정책과 문화를 전환하기 위해 노력했습니다. 이 과정을 통해 에너지 문제는 정부, 기업, 시민 모두가 함께 답을 찾아가는 과정이라고 생각하게 되었죠.

물론 덴마크 사회의 민주주의가 완벽하다고 생각하지도 않고, 그럴 것이라고 기대하지도 않습니다. 그리고 앞서 말한 대로 덴마크는 인구 밀도가 한국과 비교하기 어려울 정도로 낮기 때문에 세계 최대 인구 밀도를 자랑하

코펜하겐에 있는 '아마게르 바케(코펜힐)' 쓰레기 소각장에서 소각되고 있는 쓰레기.

아마게르 바케 건물 옆 시민들을 위한 문화 공간.

는 국가 중 하나인 한국 수도권의 환경 문제만큼 그 문제 풀이가 어려웠을 것이라고도 생각하지 않습니다. 또 덴마크는 자연적 조건을 이용해 재생 에너지 비중을 늘렸지만, 이 나라 역시 천연가스나 다른 화석 연료 사용을 완전히 중단하기는 쉽지 않아 보입니다. 더욱 중요한 것은 에너지 문제는 모두의 문제라는 인식을 공유하고, 반대하고 우려하는 사람들을 설득하려는 용기와 끈기를 가져야 한다는 겁니다. 에너지 전환을 위해서는 민주 시민으로서의 소통 의지가 매우 중요하다는 것을 확인할 수 있었습니다.

환경 파괴를 거부하고 에너지 절약을 강조하다

외국 사례를 말하다 보니 문득 무조건 유럽을 모방하자는 이야기로 받아들이지 않을까 하는 우려가 듭니다. 유럽의 사례가 우리에게 단 하나의 정답을 알려 주는 것은 아닙니다. 선진국이라고 모든 것이 다 완벽한 것도 아닙니다. 다만 먼저 장기와 단기 과제를 받아 든 유럽이 어떤 고민을 했는지는 참고해 볼 만합니다.

덴마크 옆 나라인 스웨덴의 사례도 비슷했습니다. 스웨덴도 덴마크처럼 국가 전반의 온실가스 감축 목표가 정해져 있었고, 이 목표를 이행하기 위한 과정을 밟아 가고 있었습니다. 제가 스웨덴 사례에서 주목한 것은, 스웨덴 국민들은 에너지 전환 과제를 해결하기 앞서 에너지를 절약해야 한다는 것을 우선 인식했다는 점입니다.

덴마크나 스웨덴과 같은 북유럽 국가들은 에너지 전환의 롤 모델로 꼽히지만, 이들 나라도 1970년대까지 에너지 정책에 대한 철학이 확고한 것은 아니었습니다. 중동 지역 국가들이 석유를 자원 무기화해 세계 유가가 폭등했던 '오일 쇼크'라는 역사적 사건이 1970년대에 있었습니다. 2022년 러시아와 우크라이나 전쟁으로 러시아가 자국의 천연가스 수출을 막으면서, 유럽을 시작으로 가스 가격이 폭등하며 전 세계 경제가 불안정한 상황에 빠진 일과 매우 흡사한 일이 50년 전에도 벌어졌던 것이지요.

이러한 오일 쇼크로 세계 여러 나라의 경제가 흔들렸습니다. 당시 석유 의존도가 70%가 넘었던 스웨덴 사회도 그중 하나였지요. 이렇게 수입해서 쓰는 화석 연료에 의

아마게르 바케 전경.
사진 Amager Ressourcecenter 제공 ©Hufton&Crow

존하면 언제든 이런 위기가 닥칠 수 있다는 판단을 하면서 스웨덴 사회는 새로운 도전을 하게 되었습니다. 물론 그 도전은 쉽지 않았습니다.

스웨덴을 포함해 북유럽 하면 떠오르는 이미지가 있습니다. 수력 발전 강국이라는 점이죠. 이미 주어진 자연환경을 이용하면 수력 발전을 통해 에너지를 얻을 수 있는 조건이 다른 나라보다 좋은 편입니다. 그러나 20세기 중반 이후 시민들의 환경 의식이 높아지면서, 수력 발전의 최대 단점인 환경 파괴 논란을 스웨덴도 피해 갈 길은 없었습니다. 전 세계적으로 무분별한 환경 파괴에 반대하는 목소리가 높아지면서 아름다운 자연을 깎고 부수는 공사가 더 이상 진행될 수 없었던 거죠. 실제로 1960년대 스웨덴에서도 수력 발전 반대 운동이 활발했습니다. 더 이상 새로운 댐을 건설해 화석 연료를 대체할 수 없는 상황이 된 것이죠.

다른 에너지원이 필요했습니다. 당시 수력이 아닌 에너지원으로는 원자력과 석탄과 천연가스 등 화석 연료 발전원이 대표적이었습니다. 탄소 배출이 많지만 상대적으로 큰 기술이 필요하지 않은 화석 연료를 사용하는 것이 쉬워 보였지만, 이미 오일 쇼크를 겪으며 지속 가능한 에너지원의 필요성을 사회적으로 인식하게 된 뒤였기 때문에 화석 연료에 대해서는 부정적이었습니다. 스웨덴 사회 역시 화석 연료가 아닌 우라늄을 원료로 하고 한 번에 대량의 전기를 발전시킬 수 있는 원전이 필요하다는 목소리가 늘어 가는 추세였다고 합니다.

스웨덴 국민들은 이러한 에너지 전환을 앞두고 치열하게 고민했습니다. 1973년 스웨덴을 이끌던 올로프 팔메 총리는 국회에 에너지 조사 위원회를 설치했습니다. 당시 뜨겁게 달아오르던 원전 반대 목소리를 누르기 위한 정치적인 이유로 설치되었지만, 1975년 스웨덴 사회는 합의점에 다다르게 되었습니다. 지속 가능한 에너지의 필요성을 고려하면서, 원자력 발전을 축소하는 대신 에너지 절약에 중점을 둔 정책을 제시한 것이죠. 그러면서 1978년 에너지 절약법을 제정하고 1979년 7% 에너지 절약을 달성하기 위한 예산을 배정하는 등 사회의 방향을 바꾸는 데 물꼬를 텄습니다. 이후 스웨덴의 에너지 정책은 생태적으로 지속 가능하고 안정적으로 공급이 가능하며 가격 경쟁력을 갖춘 전력 시스템을 구축하는 것을 목표로 진행되어

왔습니다.

현재 스웨덴의 에너지 전환 정책은 2045년까지 온실 가스 배출을 0으로 낮추고, 2040년에는 재생 에너지만으로 전력을 공급하는 방향으로 추진해 간다는 것이 핵심이지요. 자동차나 비행기와 같이 화석 연료를 이용한 교통수단의 탄소 배출을 2010년과 비교해 2030년까지 70% 감축하기로 의회에서 합의하였습니다.

물론 스웨덴은 덴마크와 달리 한때 원자력 발전 비중이 유럽에서도 높은 편인 발전량 기준 40%까지 오르기도 했습니다. 그러나 재생 에너지 비중도 다른 유럽 국가들처럼 높은 수준을 유지하고 있습니다. 스웨덴 시민들이 개인적으로 태양광 패널을 이용한 발전을 할 경우 정부가 세금을 감면해 주는 정책도 시행하고 있지요. 환경 기술과 지속 가능한 도시를 만들기 위한 많은 아이디어들이 스웨덴 정부의 주도로 진행되고 있습니다.

에너지를 절약하고 에너지 효율을 높이는 나라들

러시아와 우크라이나 전쟁으로 에너지 공급이 세계적으로 불안정해지면서 국제 유가가 오르자 세계 여러 나라는 에너지 절약과 효율의 문제를 심각하게 고민하기 시작했습니다. 어떤 에너지원이건 지속 가능하게 에너지를 이용할 수 있는 것은 국가가 안정적으로 유지되는 데 중요한 과제이기 때문입니다.

덴마크와 스웨덴이 속한 유럽 연합(EU)은 전 세계에서 가장 적극적으로 기후 대응을 제안하고 이끄는 곳입니다. 이들 나라에서 기본적으로 강조하는 것은 절약과 효율입니다. 2030년까지 에너지 소비를 5% 이상 더 줄이는 목표를 설정해 두고 있지요. 지난해 러시아와 우크라이나 전쟁 이후 에너지 요금이 치솟자 각 나라별로 에너지 절약을 유도하는 정책들도 구체적으로 생겨났습니다.

예를 들어 독일은 2022년 9월부터 공공시설의 난방 온도를 기존 20℃에서 19℃로 낮췄습니다. 복도나 로비에서는 난방을 할 수 없고 공공 명소의 야간 조명도 소등했습니다. 일부 시에서는 사우나와 공공 수영장의 수온도 5℃ 낮췄습니다.

자발적인 캠페인을 하는 나라들도 늘었습니다. 스위스 역시 실내 온도를 19℃ 이하로 낮추고 온수 온도를 60℃ 이하로 낮추기로 했습니다. 핀란드는 국민의 75% 이상이 '1℃ 낮추기 캠페인'에 동참했다고 선전을 했는데요, 전자 제품 사용 줄이기, 샤워는 5분 이하만 하기, 사우나는 일주일에 한 번 하기, 도로 운전 속도 낮추기 등이 시민들이 참여할 수 있는 방법이죠.

에너지 요금이 높아지면서 에너지 절약을 유도하기 위해 에너지 효율 조치를 시행한 대표적인 나라로 프랑스와 미국이 있습니다. 프랑스의 상점은 문을 열어 둔 채로 냉난방을 하면 최대 750유로(약 100만 원)의 벌금을 부과하지요. 광고판 점등에 대한 범칙금도 부과합니다. 공항이나 기차역을 제외하면 새벽 1시부터 6시까지 광고 조명을 금지하며 최대 1500유로의 범칙금을 부과할 계획도 있지요. 카페나 식당 야외 테라스 냉난방도 금지했습니다.

프랑스는 에너지 절감 실적에 대해 인증서를 발급하고 이를 거래할 수 있는 체계를 갖추고 있습니다. 또 건물

에너지 효율 향상을 위한 금융 지원 제도를 보완해 정책 실효성을 높이고 있죠. 의무적으로 에너지를 절감해야 하는 전기나 가스, 난방용 가스, 가정용 난방유 공급 회사의 실적 이행을 보조하고 에너지 서비스 시장을 확대하기 위해서입니다.

미국 환경 보호청과 에너지부는 소비 기기의 에너지 효율 성능을 인증하는 제도를 실시 중입니다. '에너지 스타'라고 불리는 이 제도는, 그해 최고 효율 제품과 국가 표준 대비 소비 절감량을 제공하고, 또 인증 라벨이 붙은 제품을 구매하면 세금 인하 혜택도 줍니다. 이 제도는 공장이나 상업용 건물의 효율을 인증하는 제도로 확대되어 사업장의 에너지 효율이 얼마나 되는지 정보를 제공하고 있죠. 자동차나 석유 화학 등 업종이나 부문에 맞게 개발된 에너지 성과 지표를 적용하고 있습니다.

오래된 건물의 에너지 효율을 높이기 위한 금융 지원 프로그램도 운영 중입니다. 연방 정부에서는 저소득층을 대상으로 주택 보수 지원 정책을 1976년부터 운영하고 있습니다. 단열 자재나 조명 설비를 개선할 수 있는 지원을 하기 위해 에너지부가 에너지 복지 사업을 위한 기금을 모아 안정적으로 운영하는 방식입니다.

한국도 에너지 절약을 유도하기 위한 다양한 정책을 실시하고 있습니다. 그러나 아직 많은 시민이 에너지를 생산하기 위해서는 연료를 수입해서 이를 발전 시설에서 전기로 만들어 거래하고 있다는 현실을 잘 실감하지 못하고 있는 듯합니다. 시민들의 참여를 높이기 위해서는 에너지는 생산과 소비, 운송 과정에 비용이 들어가고, 유한한 지구에서 에너지가 무한정 제공되는 것이 아니고 우리 모두가 나눠 쓰는 것이라는 사실을 생활 속에서 일깨워야 합니다. 유한한 에너지원을 잘 나누기 위해서는 모든 시민의 합의된 결정이 우선되어야 하고요.

탄소 포집 기술로 온실가스를 다 없앨 수 있을까?

지금까지 에너지 전환과 에너지 절약, 에너지 효율 등 에너지와 관련한 장기와 단기 대책들을 짚어 보았습니다. 그러나 근본적인 의문이 남을 수 있습니다. 지금 우리가 누리고 있는 이 편안하고 안락한 삶을 그대로 유지한 채 기술을 개발해 이 위기를 타개할 수 없을까 하는 질문이지요. 실제로 기자들도 그러한 질문을 많이 받습니다.

온난화의 속도를 늦춰야 하는 현재의 기후 위기 대응과 화석 연료 에너지의 가용 시간은 맞물려 있습니다. 온난화를 일으키는 주요 탄소 배출원이 화석 연료 사용에 있기 때문이죠. 온실가스 감축 속도를 더 빠르게 앞당겨 줄 좋은 기술이 개발된다면, 기후 위기라는 전 지구적 과제를 대응할 힘이 더 커지는 것은 사실입니다. 그래서 빌 게이츠와 같은 기업인 또는 과학자들이 기후 위기를 극복하기 위해서는 기술 개발이 시급하다고 강조합니다. 재생에너지로의 전환에 속도를 낸 선진국에서도 화석 연료 사용을 급격하게 줄이는 것이 부담이기 때문에, 이 기술을 이용해 현재의 탄소 배출량을 유지하면서도 지구에 도움이 되는 길을 찾아보자는 목소리가 있습니다. 그리고 이런 주장은 점점 힘을 받고 있습니다.

전 세계는 이러한 기술을 개발하기 위해서 투자하고 있습니다. 미국 에너지부는 탄소 제거 기술을 위해 약 4조 원의 예산을 쏟아붓고 있죠. 유럽 연합은 2030년까지 연간 5천만 톤의 탄소를 포집해 저장해 없애겠다는 목표를 세워 두고 있습니다. 실제로 2023년 3월 덴마크는 벨기에에서 이산화 탄소를 수송해 덴마크 북해 아래 고갈된 유전에 주입하는 등 국경을 넘나드는 이산화 탄소 저장 장치를 세계 최초로 개발했습니다. 유럽 연합 집행 위원회는 이러한 프로젝트를 유럽 전체에 확대하고 이 기술을 적극 활용해야 한다고 생각하고 있지요. 한국도 민관 합동으로 산업 시설에서 배출되는 탄소를 없앨 수 있는 기술 개발에 적극적입니다. 이 기술이 개발되면 탄소 배출 기업 또는 기후 악당이라는 오명에서 벗어날 수 있을 테니까요.

하지만 환경 단체들은 이 기술이 모든 것을 바꿀 것이라는 기대만 하고 기후 위기 대응을 하지 않는 것은 문제라고 비판하고 있습니다. 왜일까요?

산업 시설이나 천연가스 시추 현장에서 발생하는 탄소를 포집하는 이 기술은 탄소 포집 저장 활용(CCUS, Carbon Capture and Storage, Utilization) 기술로 불립니다. 탄소를 포집해 저장하고 활용한다니 조금 어렵기는 하지만, 온난화의 주범 탄소를 없앨 수 있다면 기후 위기 문제를 해결할 수 있을 것으로 보입니다.

온난화를 일으키는 온실가스의 대표 물질인 이산화 탄소는 공장 가동과 내연 기관차 운행 등 산업 활동에서 배출되어 공기 중에 최대 200년까지 머무릅니다. 이 때문에 온난화 속도를 늦추기 위해서는 이산화 탄소로 대표되는 탄소 배출을 줄이고 현재 배출돼 있는 탄소도 포집해 제거해야 하는 거죠.

이 방법은 구체적으로는 탄소 포집 저장(CCS) 기술과 탄소 포집 활용(CCU) 기술로 나뉩니다. CCS는 석유 화학 단지나 철강 회사, 제조사 등 탄소 발생 시설에서 탄소를 포집한 뒤 이를 선박이나 파이프로 운송해 해저와 같은 지층에 이산화 탄소를 다시 주입하는 식으로 저장만 하는 것을 의미합니다. 그러나 CCU는 한번 모은 탄소를 또 활용하는 데까지 나아갑니다. 탄소 감축 기술을 개발하는 스타트업 등은 포집된 탄소를 저장하는 것을 넘어 활용할 수 있는 시대가 곧 열릴 것이라고 보는 반면, 기후 환경 진영에서는 탄소를 재활용할 경우 또다시 탄소가 공기 중으로 배출될 가능성이 있다며 우려하고 있지요.

기후 위기 대응을 촉구하는 목소리가 높아지면서, 탄소 포집 저장 활용 기술 관련 시장도 빠르게 성장하고 있습니다. 글로벌 경제 연구 분석 플랫폼인 '홀론 아이큐(Holon Iq)'는 현재 전 세계 탄소 기술 시장이 2021년과 비교해 2022년에 300% 성장했고, 그중 절반이 탄소 포집 저장 활용 기술 관련 기업이라고 말합니다.

한국 정부와 기업들의 관심도 높아지고 있습니다. SK 이엔에스는 2020년 사업을 시작한 호주 바로사칼디타 가스전을 탄소 포집 저장 기술을 적용하기 위한 공사로 이어 가고 있습니다. 후발 주자인 포스코인터내셔널도 호주와 미얀마 등지의 액화 천연가스 시추 현장 등에서 사용하기 위해 탄소 포집 저장 실력이 있는 외국 기업을 인수할 계획을 갖고 있습니다. 그 기술을 바탕으로 국내외 사업장에서 배출하는 탄소를 저감하는 것을 기대하고 있지요. 2022년 8월 삼성·GS·SK 등은 공동으로 말레이시아 폐광구에 국내 산업 단지에서 발생하는 탄소를 포집하여 선박으로 운송해 묻겠다는 장기 계획을 발표했습니다.

2026년 도입을 앞두고 있는 유럽의 탄소 국경 조정 제도(CBAM)나 세계 주요 기업들이 가입을 선언한 RE100(기업이 사용하는 전력 100%를 재생 에너지로 충당하겠다는 캠페인)과 같이, 앞으로는 기업이 스스로 탄소 배출량을 줄이지 않으면 불이익을 받을 수 있기 때문에 이 기술 개발에 더욱 적극적입니다. 추가 관세를 물거나 미래 시장 경쟁력을 잃을 수 있다는 우려 때문에 기업으로서는 탄소 배출량 저감 노력을 하지 않을 수 없는 거죠.

탄소 포집 저장 활용 기술이 주목받는 또 다른 이유는 수소 생산 과정에 필요하기 때문입니다. 지구상에 가장 많은 원소인 수소(H)는 미래 에너지원으로 주목받습니다. 물에 전류를 흘리면 수소와 산소가 분리되는데, 수소를 친환경적으로 생산하기 위해서는 물을 분해할 때 화석 연료가 아닌 재생 에너지 전력을 사용하면 됩니다. 그렇게 생산한 수소를 '그린 수소'라고 부릅니다. 그러나 재생 에너지 전력원 비중이 부족한 한국에서는 액화 천연가스(LNG)나 석탄을 이용해서 만든 전기로 수소를 만듭니다. 이를 '그레이 수소'라고 하는데, 탄소 포집 저장 기술을 사용해 탄소를 상쇄할 경우 그레이 수소보다 탄소 배출을 적게 하는 '블루 수소'를 생산할 수 있습니다. 정부는 2050년까지 블루 수소를 500만 톤 생산할 계획입니다.

그러나 아직 이 기술의 미래는 명확하지 않습니다. 탄소 포집 저장 활용 기술을 상용화하기 위해서는 대용량

실증 시험을 통해 경제성을 확보해야 하기 때문이지요. 정부와 산업계에서 좀 더 저렴한 비용으로 이 기술을 이용할 수 있도록 실증 시험에 속도를 내고 있는 이유이기도 합니다. 앞서 살펴본 덴마크와 스웨덴, 유럽 연합 역시 이 기술 확보와 상용화를 위해 많은 돈을 투자하고 있습니다.

이러한 미래 기술들이 온난화에 대응해야 하는 인류를 구원할 수 있을까요? 전망은 엇갈립니다. 산업계에선 국내 기업들도 2~3년 안에 상용화가 가능하다고 전망합니다. 반면 기후 환경 진영에서는 아직 상용화되지도 않은 기술에 장밋빛 미래를 기대해서는 안 된다고 우려합니다. 또 기술력을 확보한다고 해도 땅이 부족한 한국에서 탄소를 어디에 묻을 것이냐는 과제가 계속 남아 있지요. 이 기술 개발을 기다리기보다 에너지를 절약하고 에너지 효율을 따지며 탄소 배출을 줄이는 에너지원으로 전환하고자 하는 노력이 선행되어야 한다는 지적이 나오는 이유이기도 합니다.

저 역시 아직 이 영역은 판단을 유보한 상태입니다. 현재로서는 누구도 확실하게 기술 개발과 실제 기술의 적용에 대해 명확하게 말할 수 없는 상황이라고 생각하기 때문이지요. 이런 기술 개발이 진행되고 있는 것을 모두 관심을 가지고 지켜볼 필요는 있다고 생각합니다.

다만 너무 낙관적으로 기술 개발만을 기다리는 것은 위험해 보입니다. 지금 당장 기후 위기에 대한 고민과 에너지 전환을 하지 않는다면, 미래의 기후 위기는 더욱더 심각한 위협으로 지구의 많은 생명을 힘들게 할 수 있기 때문입니다. 저 역시 기자로서 기후 기술 분야의 성장을 지켜보고 있지만 에너지 전환, 에너지 절약을 생활화하고 에너지 효율을 높여 가는 과제의 중요성을 잊어서는 안 된다고 생각합니다.

한국의 온실가스 배출량, 이대로 괜찮을까?

'이 정도면 된 것 아니야? 뭘 더 어떻게 해야 하지?' 지구를 위해 현재 삶의 태도를 바꿔야 한다고 말하는 분들을 보면서 이런 생각을 한 적 없으세요? "나는 분리수거도 잘하고 버스, 지하철, 자전거를 이용하고 있고 쓸데없이 켜져 있는 형광등이나 전자 기기 전원도 잘 확인하는데 환경을 위해 더 무엇을 해야 하나요?"라고 선생님께 질문하고 싶어질 수도 있어요. 나보다 더 에너지를 펑펑 쓰고 있는 다른 나라 사람들이 더 먼저 환경을 위해 노력해야 하는 것 아니냐고 따지고 싶어질 수도 있고요. 하지만 한국에 사는 우리들은 아직 지구를 위해 할 일이 많습니다. 왜냐하면 한국은 여전히 에너지를 많이 사용하는 나라이기 때문이에요.

전 세계 온실가스 배출량을 추적하고 있는 '글로벌 카본 프로젝트(Global Carbon Project)'가 2019년 기준 전 세계 온실가스 배출량 순위를 공개했어요. 이 중 한국의 순위는 어떠했을까요? 중국, 미국, 인도, 러시아, 일본, 이란, 독일, 인도네시아에 이어 9위였습니다. 물론 배출량만 보아서는 중국과 미국의 10~20% 정도

배출하고 있지만 그래도 세계에서 9번째로 온실가스를 많이 배출하는 나라가 바로 한국이에요.

더욱 중요한 것은 한국인들의 온실가스 배출량은 1990년보다 30년이 지난 지금은 2배로 늘어났다는 거예요. 우리 정말 이렇게 계속 살아도 되는 걸까요? 우리가 생각하는 것보다 훨씬 더 할 일이 많아 보이지 않나요? 지구에게 더 미안해지지 않으려면 지금과는 다른 내일이 필요하지 않을까요?

국가별 온실가스 배출량 순위(2019년)

1	중국	101억7500만
2	미국	52억8500만
3	인도	26억1600만
4	러시아	16억7800만
5	일본	11억700만
6	이란	7억8천만
7	독일	7억200만
8	인도네시아	6억1800만
9	한국	6억1100만
10	사우디아라비아	5억8200만

출처: 글로벌 카본 프로젝트(GCP), 단위: 이산화 탄소 환산톤

기후 변화,
오개념 좀 잡고 갈게요

기후 변화

김추령(신도고등학교 지구과학 교사, 가치를 꿈꾸는 과학교사 모임)

2022년 9월 초, 파키스탄에 홍수가 발생했어요. 이 홍수는 파키스탄 전체 면적의 1/3을 물웅덩이로 만들어 버렸지요. 2022년 비는 여느 해와 달랐다고 해요. 홍수가 나기 전 파키스탄은 매우 습했어요. 1961년 국가 기상 기록을 시작한 이래 가장 습한 8월이었고, 신드 지역과 발로키스탄 지역의 비의 양은 62년 동안의 기록을 깨뜨렸답니다. 비는 그치고 밀 농사를 시작해야 하는 시기가 왔지만, 씨를 뿌릴 마른 땅이 없었어요. 게다가 가난한 파키스탄은 배수 시설조차 제대로 갖추고 있지 못해서 피해는 더욱 컸답니다.

기후 변화 때문에 왜 하필 홍수가 일어난 것일까요? 많은 비는 어디에서 온 것일까요? 대기 중에 있던 수증기가 물방울로 응결되면서 내리는 게 비입니다. 그렇다면 파키스탄 홍수의 최초의 원인은 많은 양의 수증기 때문이겠네요. 수증기는 온실가스입니다. 하지만 인류에 의해서 직접적으로 양이 늘거나 줄거나 하지는 않지요. 대신 지구의 기온이 올라가거나 내려가는 것에 따라 그 양이 폭증하기도 하고 급격하게 감소하기도 합니다. 기온이 1℃ 상승할 때 대기에 최대로 포함할 수 있는 수증기의 양은 약 7%나 증가합니다.

현재 지구의 기온은 산업화 이전과 비교해서 약 1.1℃ 올라갔어요. 대기 중의 이산화 탄소가 280ppm에서 420ppm으로 늘어난 것이 직접적인 원인이지요. 그러니 올라간 기온 탓에 대기 중의 수증기량이 늘어나 이전의 몬순과는 다른 짧은 기간 동안 집중 폭우가 내리게 된 것이지요. IPCC(세계 기상 기구와 유엔 환경 계획이 설립한 국제기구로 기후 변화에 관한 과학적 근거와 정책 방향을 제시하는 보고서를 발간한다)는 지구의 기온이 증가함에 따라 심한 홍수가 더 자주 일어날 것이라고 했어요.

우리는 기후 변화에 대해서 많이 들어봤어요. 왠지 다 알고 있는 것 같기도 해요. 그런데 정말 제대로 알고 있을까요? 30년 전부터 기후 변화 협약을 맺고 각종 회의와 대책을 이야기하고 있지만, 말만 무성한 회의들만큼이나 우리의 기후 변화에 대한 이해도 부족한 부분이 있어요. 심지어 기후 변화에 대해 잘못 이해하고 있는 것들도 있어요. 기후 변화에 대해 우리가 무엇을 오해하고 있는지 한번 살펴봐요. 앎이 깊어지면 온실 효과, 지구 온난화 그리고 기후 변화가 눈에 보이기 시작한답니다.

어디서 발꼬랑 냄새 같지만, 은근히 당기는 냄새가 나는데요. 일단 냄새를 따라가 볼까요?

오해 1.
지구 온난화라며 웬 한파?

빌라들이 이마를 맞대고 있는 금성 빌라 옆 좁은 골목길. 길게 늘어진 해가 떨어지는 곳에 길고양이 가족이 있다. 엄마 고양이는 가시가 촘촘히 열을 맞춰 난 혀로 아기 고양이들의 털을 손질해 주고 있다. 우우으응 우응 에웅 에우웅 마암.

"킁킁, 생선 냄새가 나요. 엄마."

"흡흡, 언니는 바보야. 이거 바다 냄새야."

"호호, 바다에 가 봤어? 내가 기억하기로 우리 아가

는 금성 빌라 창고에서 태어나서 쭉 여기서 자랐는데."

엄마의 혀 놀림은 빠르고 꼼꼼하게 아기 몸의 냄새를 닦아 내고, 털을 고르며 지나간다.

"오늘은 102호 태경이 집에서 김장하는 날이란다. 아가, 앞발 좀 내밀어 봐. 발톱 주변도 꼼꼼하게 닦아야 한단다. 자, 엄마 하는 것 따라서 너도 해 보렴. 이렇게."

엄마 고양이는 혀로 자신의 앞발을 닦아 내는 모습을 보여 준다. 아기 고양이들이 비슷하게 흉내를 낸다. 비록 길고양이지만 후각이 민감한 동물의 특성으로 자기 몸에서 냄새가 나지 않도록 세심하게 몸을 닦는다.

"날이 추워지면 사람들은 소금에 절인 배추에 푹 썩힌 생선을 고춧가루와 섞은 김치를 한꺼번에 많이 만든단다. 그런 것을 김장이라고 해."

"맛있는 생선을 썩힌다고요? 설마요."

엄마 고양이는 생선을 썩혀서 먹는 것을 이상해하는 아기 고양이들에게, 생선을 그냥 썩히는 게 아니라 소금을 뿌려서 특유의 발효 과정을 거치는 것이고, 종족마다 고유한 음식 문화가 있다는 것을 설명해 준다.

"난 겨울이 좋아요."

아기 고양이가 기지개를 켜며 말한다.

"왜 겨울이 좋아? 겨울에 체온을 유지하지 못하면 죽을 수도 있어. 우리 같은 길고양이들에게는 어려운 계절인걸. 엄마는 올해처럼 매년 여름이 길어졌으면 좋겠네."

아기 고양이들은 지난여름 폭염에 가을이 빨리 오지 않아 각종 벌레 때문에 힘들었던 것과 꽃가루가 너무 오랫동안 날렸던 것을 떠올리며, 지금도 생각만 해도 콧잔등이 간지럽다며 입을 맞춰 겨울이 좋다고 이야기한다.

"하긴, 그렇긴 하지. 그렇지만 점점 더 여름이 길어지고 있는 것 같던데."

여러분 잠깐만, 여름이 길어지고 있는 이유가 뭘까요? 계절의 길이가 변화하고 있는 것을 느끼시나요? 우리나라의 경우, 최근 30년간의 여름이 과거 30년에 비해

20일이 길어지고, 겨울은 22일이 짧아졌습니다. 기후 변화 때문이죠. 산업화와 함께 급격하게 대기 중에 증가한 온실가스로 지구의 기온이 올라갔답니다. 이렇게 올라간 기온으로 지구의 대기와 물의 순환에 변화가 생기는 현상이 기후 변화랍니다. 현재 대기 중의 온실가스는 공기를 이루고 있는 다양한 분자 10,000개 중 약 4.2개 정도인 420ppm이 있습니다. 산업화가 되면서 공장이 생기고, 비행기, 배, 차량과 같은 운송 수단도 늘었죠. 비료가 발명되고 농업 생산량도 급격하게 늘어나기 시작했어요. 그에 따라서 석탄, 석유, 천연가스와 같은 화석 연료의 사용량도 늘어났겠죠. 인구가 증가하며 도시가 확대되고 논과 밭을 늘리며 숲도 사라졌어요. 이 과정에서 대기 중 온실가스의 양이 급격하게 늘어나게 되었어요. 온실가스의 증가가 기후 변화의 직접적인 원인이랍니다.

온실가스는 어떻게 지구의 기온을 올리는 것일까요? 지구는 태양으로부터 에너지를 받습니다. 만약 지구가 생겨난 이후 태양으로부터 에너지를 받기만 했다면 지구의 기온은 매년 자꾸 올라갔을 거예요. 아마 생명체가 발생하지도 혹시 발생했다고 해도 생존할 수 없는 뜨거운 죽

음의 행성이 되었을 거예요. 하지만 지구는 태양 에너지를 받은 후 다시 내보냅니다. 받은 만큼을 그대로 내보내기 때문에 열적 평형 상태를 유지한답니다. 그런데 온실가스는 지구로 들어오는 태양 복사 에너지에는 별 반응을 보이지 않아요. 유독 지구가 내보내는 에너지와 반응하여 흡수합니다. 물론 지구는 다시 그렇게 흡수한 에너지도 다시 내보내죠. 복사 평형은 유지되고 지구 전체적으로 보면 매년 기온이 일정하게 유지가 됩니다.

그런데 만약 온실가스의 양이 지금보다 늘어나게 되면 어떻게 될까요? 일단 지구가 내보내는 에너지 중 더 많은 양의 에너지를 흡수하게 될 거예요. 그렇게 흡수한 열로 지구의 기온은 올라가겠죠. 물론 충분히 시간이 흐른다면 지구는 태양으로부터 받은 에너지와 늘어난 온실가스로 인해 추가된 에너지 모두를 다시 내보낼 것입니다. 온도가 올라간 상태에서 다시 에너지의 평형을 유지하게 되는 거죠. 하지만 올라간 지구의 온도 탓에, 물 순환과 대기의 순환, 식물과 토양의 반응까지 균형을 잃고 이전과는 다른 작용을 하게 되겠죠. 바로 그것이 기후 변화입니다. 이로 인해 우리나라의 계절의 길이가 달라진 것이지요.

해가 든다고는 하지만 겨울이라 바람이 불자 새끼 고양이들이 몸을 공처럼 말아 웅크린다. 지난주까지 겨울답지 않게 포근하던 기온이 하룻밤 사이에 10℃ 이상 떨어지며 일부 지역에는 한파 경보까지 내려진 날이다. 그림자가 아주 길게 늘어져 금성 빌라 골목 끝까지 다다르자, 엄마 고양이는 몸을 일으킨다. 아기 고양이들도 엄마 고양이를 따라간다.

"여름이 길어지고 겨울은 짧아졌다는데, 오늘은 몹시 춥네."

"난 차에서 자고 싶어요. 엄마, 거긴 따뜻하고 좋은데."

엄마 고양이는 엔진룸에 기어들어 가려는 아기 고양이를 입으로 물어 당기며, 길고양이들이 엔진룸에 들어갔다가 사고를 당했다고 주의를 주었다. 늘어난 차량 탓에 기후 변화도 심해지는 것이니 이래저래 차는 가까이할 것이 못 된다는 말도 덧붙였다.

여러분, 잠깐만. 지구 온난화라고 하는데 웬 한파 경보예요? 지구의 온도가 올라가서 추위가 왔습니다. 앞뒤가 안 맞는 말인 것 같지만 사실입니다. 북극 겨울의 평균 기온은 영하 35~40℃ 정도예요. 차가운 북극 공기는 높은 곳에서 빠른 속도로 동쪽으로 불어가는 제트류라는 공기의 흐름 탓에 북극에 갇혀 있습니다. 바람은 기압 차이로 공기가 이동하는 현상이죠. 제트류는 북극의 기온과 중위도의 큰 기온 차이가 기압 차이를 만들어 그 힘으로 만들어진 속도가 매우 큰 바람입니다. 지구 온난화로 북극 기온은 다른 지역에 비해 현재 약 4배나 빠르게 상승하고 있어요. 2022년 봄에는 평균보다 무려 30℃나 더 따뜻했다고 합니다. 북극 기온이 올라간 탓에 중위도와 온도 차이가 줄어들면서 제트류의 흐름도 약해졌습니다. 그래서 북극의 차가운 공기가 중위도의 우리나라에까지 밀려 내려오면서 한파가 생긴 것입니다.

길고양이 가족은 방금 시동이 꺼져서 따뜻한 온기를 내보내는 차 곁을 떠나며 아쉬운 듯 돌아보았다.

"차가 많아져서 기후 변화가 생기는 거면 차를 줄이면 되잖아요?"

방법을 다 알고 있는데, 여름은 길어지고 겨울에는

한파가 오고 뒤죽박죽이 되는데 그대로 두고 보냐며, 그것도 썩은 생선을 좋아하는 것 같은 종족들의 문화적 차이냐며 아기 고양이는 질문을 멈추지 않는다. 냐옹. 니야아옹.

오해 2.
미세 먼지와 온실가스는 어떻게 달라?

“아, 아쉽다. 공까지 챙겨 왔는데.”

골목길을 걸어오는 태민이가 오른발 끝으로 공을 띄우고 어깨로 툭 쳐서 가슴으로 받는 기술을 보이며 축구를 하지 못한 아쉬움을 이야기한다.

“제법 늘었는데.”

다시 떠오른 공을 친구가 재빨리 낚아채며 뛰어간다.

“야, 인마. 너.”

공을 가지고 이런저런 기술을 보이며, 둘은 금성 빌라 앞까지 왔다. 방과 후에 운동장에서 축구를 하기로 했으나, 미세 먼지 나쁨 경보 탓에 엄마의 호출을 받고 접었다.

"그래도 게임 2시간이 어디냐. 난 미세 먼지에 땡큐다."

"그러게. 아쉬우면서도 신나는 이 마음은 뭐냐? 근데 진짜 오늘 하늘이 회색이다. 이렇게 미세 먼지가 심하니까 기후 변화가 생기지."

"헐, 너! 틀렸어."

"뭐가? 기후 변화가 대기 오염이고, 대기 오염은 미세 먼지고. 그러니까 미세 먼지가 심해지니까 기후 변화가 생기고. 이거 아님?"

"뭔 소리야. 미세 먼지는 미세 먼지고 기후 변화는 기후 변화지."

여러분, 잠깐만. 미세 먼지와 기후 변화는 같은 것일까요? 미세 먼지는 말 그대로 먼지, 즉 입자입니다. 물론 고체 상태뿐 아니라 작은 물방울 형태인 에어로졸 형태도 있습니다. 눈에 잘 보이지 않을 정도로 작은 먼지를 말하죠. 입자의 크기에 따라 PM10, PM2.5로 분류합니다.

이렇게 작은 미세 먼지는 화력 발전소나 차량 등에서 화석 연료를 연소하는 과정에서 발생하는 대기 오염 물질로부터 만들어집니다. 기후 변화를 일으키는 온실가스들은 아예 눈에 보이지 않습니다. 그러니 미세 먼지와 온실가스는 다른 것이죠. 기후 변화를 일으키는 주요 온실가스에는 이산화 탄소, 메테인, 아산화 질소가 있어요. 그리고 프레온과 같이 인공적으로 만들어 낸 온실가스들도 있습니다. 이 불소 화합물들은 주로 산업 분야에서 사용하고 있어요. 그 양은 매우 적지만 온난화를 일으키는 능력이 매우 크답니다.

온실가스의 3인방으로 불리는 이산화 탄소, 메테인, 아산화 질소에 대해 알아볼까요?

먼저 아산화 질소는 이산화 질소와 종종 헷갈려 합니다. 여기 자동차가 달리고 있습니다. 자동차가 달리기 위해서는 에너지가 필요합니다. 휘발유를 연소시켜 에너지를 얻습니다. 휘발유를 높은 온도에서 연소하는 과정에서 공기 중의 질소가 산소와 결합하여 질소 산화물들을 만드는데, 이 중 이산화 질소가 있습니다. 이산화 질소는 공기 중에서 질산 암모늄과 같은 미세 먼지로 변하기도 합니다.

반면 아산화 질소는 토양에 질소 성분의 화학 비료가 뿌려지면 질소 성분이 변하여 아산화 질소가 만들어집니다. 그러니까 온실가스인 아산화 질소와 대기 오염을 일으키는 이산화 질소는 다른 물질입니다.

두 번째로 메테인은 소의 방귀로 유명세를 탔습니다. 실은 방귀보다는 트림으로 배출되는 양이 더 많습니다. 소와 같이 되새김하며 단단한 섬유질을 소화하는 동물의 위에는 단단한 섬유질을 분해하고 흡수를 돕는 균이 활동합니다. 이 균이 활동하면서 메테인이 발생하여, 방귀 혹은 트림에 섞여서 나오게 되는 것이죠. 괜한 방귀 탓에 마치 메테인의 주된 배출이 소 때문인 것으로 오해하는데, 축산업 외에도 벼농사를 짓는 과정에서도 발생하고 메테인을 주성분으로 하는 화석 연료인 천연가스를 추출하거나 운반하는 과정에서 새어 나가는 양도 만만치 않습니다. 메테인은 땅에서도 발생합니다. 1년 동안 영하의 기온이 유지되는 영구 동토층처럼 산소가 없는 상태에서 동식물의 사체와 같은 유기물이 분해되는 경우에도 발생합니다. 산소가 없는 환경에서 활동을 하는 세균이 분해 활동을 하면서 만들어 내는 거죠. 마치 소의 위장에서 세균들이 하는 것처럼요.

3인방 중 가장 걱정을 많이 해야 하는 것은 이산화 탄소입니다. 현재 대기 중에 있는 온실가스 중 가장 양이 많습니다. 화석 연료인 석탄, 석유, 천연가스는 탄소와 수소가 결합된 형태의 물질입니다. 이 물질이 연소하게 되면 공기 중의 산소와 결합하면서 이산화 탄소가 배출됩니다. 동일한 양을 연소하였을 때 석탄에서 발생하는 이산화 탄소의 양이 가장 많죠. 가정에서 요리할 때 사용하는 도시가스나, 휘발유나 디젤유를 연소하여 차량을 운행할 때, 비행기가 운항하면서 석유를 연소할 때, 석탄 화력 발전소에서 석탄을 연소할 때 발생합니다. 에너지를 만들어 내는 과정뿐만 아니라 산업 공정 중에 다량으로 발생하기도 합니다. 시멘트를 생산할 때 탄소 화합물인 석회석을 가열하여 생석회로 만들어야 하는데, 이 과정에서 상당한 양의 이산화 탄소가 발생합니다. 또, 철을 생산할 때도 많이 발생합니다. 철광석을 용광로에 넣고 석탄과 같은 코크스를 넣어서 가열합니다. 코크스가 철광석에 들어 있는 산소를 빼앗는 역할을 잘하기 때문이죠. 이 과정에서도 상당한 양의 이산화 탄소가 발생합니다.

미세 먼지와 온실가스의 차이점은 눈에 보이지 않는 것뿐만 아닙니다. 지구가 방출하는 에너지를 흡수하여 지구의 온도를 올리고 있는 온실가스의 문제 중 하나는 너무나 안정적이라는 것입니다. 눈에 보이는 미세 먼지는 길어도 일주일 정도면 다른 물질과 반응하거나 비에 씻겨 사라집니다. 온실가스는 긴 시간 대기 중에 그대로 있습니다. 오늘 여러분이 전기를 사용하면서 혹은 차량을 이용하면서 배출한 이산화 탄소는 길게는 대략 100년 정도 대기 중에 머물러 있을 것입니다. 오늘 우리가 배출한 이산화 탄소로 미래 세대가 사는 100년 뒤의 지구 환경은 이미 결정되어 버린 것입니다.

미세 먼지와 온실가스의 가장 커다란 차이점은 지구의 기온에 영향을 주는 방향이 정반대라는 겁니다. 미세 먼지는 지구의 기온을 낮추는 역할을 하고, 온실가스는 지구의 기온을 높이는 역할을 합니다. 미세 먼지가 지구의 기온을 낮추는 과정은 화산이 폭발했을 때 화산재에 의해 기온이 낮아지는 것과 같은 과정입니다. 그래서 일부 과학자들은 황산염(에어로졸)을 성층권 대기에 대규모로 뿌려 기후 변화를 공학 기술로 낮추는 기술을 써야 한다고 주장하기도 하죠. 1991년 필리핀 피나투보 화산 폭발로 상당한 양의 황산염이 분출되어 1~3년 동안 지구 평균 기온을 0.2~0.5℃ 떨어뜨렸습니다.

이렇게 미세 먼지와 온실가스는 다른 물질이기 때문에 대기 오염을 해결하는 방법과 기후 변화를 막는 방법이 달라야 합니다. 예를 들어서 미세 먼지 농도를 낮추기 위해서는 운송 수단을 전기 차로 바꾸기만 해도 됩니다. 기후 변화를 막기 위해서도 전기 차의 도입은 필요하지만, 많이 만들어선 안 됩니다. 꼭 필요한 양만 만들어야 합니다. 또, 전기 차에 사용되는 전기가 석탄 화력 발전소에서 생산된 전기라면 큰 도움이 되지 않습니다. 태양이나 바람의 에너지를 이용하여 생산한 재생 에너지를 사용하는 전기 차여야 기후 변화를 막는 데 도움이 됩니다.

"나 오늘 아침에 엄마 차 타고 학교 갔는데. 아침에 엄마 차에서 나온 이산화 탄소가 나의 자식, 아니지 나의 손자…. 하여튼 먼 손자가 사는 세상에도 그대로 있다는 말이잖아."

"설마, 과학이 발전하면 해결되지 않을까?"

"나한테 좋은 생각이 났어. 미세 먼지를 더 많이 만들면 어때? 미세 먼지가 지구 기온을 낮추니까."

"말 되는 소리를 해. 미세 먼지 때문에 사람들이 병들어 죽는 건 생각 안 하냐!"

두 친구는 금세 티격태격이다.

"야, 그래도 우리에겐 아직 게임이 있잖아. 게임 2시간."

"아, 맞다. 빨리 들어가자. 내일은 일찍 일어나서 학교에 걸어가야지."

언제 다투었냐는 듯이 두 친구는 금성 빌라 102호 문을 활짝 열어젖히고 들어간다.

오해 3.

이산화 탄소가 나쁜 거라고?

아직 햇살이 남아 있는 거실에서 매콤하고 짭조름한 냄새가 가득하다. 햇볕이 김장 양념 통 근처에서 슬쩍 머물다 매운 고춧가루 냄새에 '에에에취이' 하며 도망을 간다. 햇살이 슬금슬금 꼬리를 감춘다.

"엄마, 나 왔어. 친구랑 같이 왔어요. 게임 2시간만!"
"안녕하세요. 와, 김치 통 좀 봐. 엄청 많다."
축구공까지 그대로 들고 인사를 하더니 방으로 들어간다.
"겨울이라 해가 진짜 짧아졌어. 곧 어두워지겠네."
태경이 엄마가 허리를 한 번 펴려는 듯 숙인 몸을 일으키자, 뭉쳐 있는 근육과 관절들이 아우성을 친다.
"아구구구, 이제 이것만 버무리면 끝이지?"
"난 올해 김장 못 하는 줄 알았지, 뭐야. 날이 너무 따뜻했잖아. 그러다 다행인지 불행인지 갑자기 날씨가 곤두박질치니. 어제는 고온 오늘은 한파. 완전히 우리 집 사춘기 녀석 맘 같네."
모여서 함께 김장하는 사람들은 기후 변화가 심해져서 김치 담그는 날짜를 맞추는 게 쉬운 일이 아니라 기상청에서 김장 날도 잡아 주는 서비스를 해야 한다고 입을 모은다. 그러다 또 자연스럽게 아이들 키우는 이야기를 하다가, 다시 기후 변화 때문에 아이들이 어른이 되면 어떤 세상이 될지 걱정이 된다는 이야기로 이어진다. 마지막 양념을 떨어진 배춧잎을 모아 싹싹 닦아 입으로 야무지게 밀어 넣는다.

"이게 이산화 탄소 때문이라고 그러지? 공기 중에 탄소가 많아져서 말이야. 나쁜 탄소 같으니라고. 탄소를 몽땅 잡아다가 김치 통에 넣고 김치 냉장고에 가둬 놔야 하는 거 아니야. 근데 김치 벌써 맛있다."

"이산화 탄소가 뭐가 나빠, 이산화 탄소는 인체에 해도 없다던데. 뭐."

"나쁘지 그럼. 하마터면 김장 김치 몽땅 익어 버릴 뻔했잖아. 탄소 때문에 김장도 하면 안 되겠어."

"글쎄, 나쁜 놈은 탄소가 아니라던데. 나쁜 놈은 따로 있다던데."

여러분, 잠깐만. 이산화 탄소는 잘못이 없는 걸까요? 지구상 탄소의 총량은 지구의 역사 속에서 한 번도 변한 적이 없습니다. 탄소는 지구의 지각, 대기, 해양, 생물 등 여러 곳에 다양한 모습으로 존재합니다. 지구 내부의 깊은 곳을 제외하면, 탄소는 고체로 된 지구에 대부분이 들어 있고, 바닷물 속에도 상당한 양이 있어요. 인간을 포함한 동물, 식물의 주요 구성 성분도 탄소예요. 오히려 지구 전체에서 대기 중 탄소는 대략 0.1%밖에 되지 않아요.

각각의 탄소들은 여러 경로를 통해 이곳저곳을 순환하고 있죠. 대기 중에 있던 이산화 탄소는 식물의 광합성을 통해 식물로 이동을 한 후 죽은 식물과 함께 땅에 쌓이게 되고, 화산 분출의 형태로 다시 대기로 가기도 합니다. 또, 대기 중 탄소는 해양에 녹아들어 해양 생물의 일부를 구성하다 그 생물의 사체와 함께 해양 지각에 쌓여 석회암이 되기도 합니다. 석회암은 지각 변동을 통해 육지로 웅장한 모습을 드러내기도 하고, 또 풍화 작용을 통해 다시 대기로 돌아가기도 합니다. 즉, 지구의 탄소의 총량은 변한 적이 없습니다.

그런데 인간이 기계의 힘을 빌려 일을 하는 혁명이 일어났습니다. 산업 혁명, 그 사건 이후 지각에 있던 탄소가 전에 없던 속도로 대기 중으로 풀려나기 시작했습니다. 석탄, 석유, 천연가스를 연료로 사용하면서 일어난 일입니다. 석탄, 석유, 천연가스는 원래 고생물의 사체가 땅속 높은 압력과 시간 그리고 특별한 지층 구조 속에서 생성된 화석과 같은 것이기 때문에 화석 연료라고 불립니다. 석탄을 사용하던 초기, 석탄을 효율적으로 이용할 수 있게 하는 새로운 기술이 나왔습니다. 하지만 석탄 사용량은 줄어들지 않았습니다. 사람들은 석탄을 사용하는 데 들어가는 비용이 줄어들자 더 많은 곳에서 석탄을 더 많이 사용하기 시작했죠. 국민 총생산량을 나타내는 GDP의 성장 곡선과 대기 중 이산화 탄소량이 증가하는 곡선은 매우 비슷합니다. GDP 곡선이 대기 중 이산화 탄소 곡선을 끌고 가는 것처럼 보이네요. 그러니 김장 시기를 정할 수 없는 원인이 되는 나쁜 놈이 꼭 탄소라고 말하기 어렵지 않을까요?

"그러니까 탄소는 부지런히 옮겨 다니기만 했는데, 경제가 성장하면서 대기 중으로 마구마구 풀려나게 되었다는 거구나."

"그럼 나쁜 놈은 누가 되는 거지? 나쁜 놈을 알아야 막을 수 있지 않겠어?"

거실 바닥을 걸레질하던 태경이 엄마가 턱으로 이 사람 저 사람을 가리킨다.

"나? 우리?"

누구는 끄덕이기도 하고, 누구는 손사래를 치기도

하면서 다시 김장 김치 맛으로 화제가 옮겨 갔다. 여름에 비가 너무 많이 온 탓에 고추 농사도 엉망이 되고, 날도 따뜻했다 추웠다 널을 뛰니, 김장 김치 맛이 제대로 나기 어렵다. 기후가 계속 이런 식이면 이제 모여서 김장하는 것도 그만두어야겠다고 이야기가 모아졌다.

"우리가 항상 경제만 중요하다고 생각하고, 기후 변화가 우리 아이들 앞날을 망칠 것은 생각도 못했네."

"그렇지. 앞으로는 잘 살아라, 이런 말 말고 적당히 살자 뭐 이런 덕담을 해야 할 것 같지 않아?"

오해 4.
기후 변화를 일으키는 것은 온실가스의 단독 행동일까?

혼자 온 사람들이 많은 카페, 두런두런 이야기하는 사람들이 신경 쓰일 법한데도 노트북이나 태블릿을 펼쳐 놓고 열중하는 사람들이 가득하다. 대개는 이어

폰을 끼고 각자의 세계 속에 빠져 있는 듯 보인다.
띠리리리 띠리리, 전화가 걸려 온다. 태경이는 다급하게 핸드폰을 챙겨 무음으로 바꾼 후 최대한 목소리를 낮추고 전화를 받는다.
"엄마, 왜? 말했지, 수행 평가, 기후 변화. 내일이 발표야. 아직 못 끝냈어. 아마 좀 늦을 거 같아. 엄마는? 아, 맞다, 오늘 모여서 김장한다고 했지. 수육은? 내 수육은 남겨 둬."
"아, 이 얼마나 달콤한 소리인가. 수육. 수우육. 우리 태경이네 가서 수육 먹으면서 할까?"
누구랄 것도 없이 수육에 입맛을 다시는 친구를 곱지 않게 쳐다본다. 교과서, 출력물, 그리고 노트북으로 넓지 않은 테이블이 가득하다.
"그런데 기후 변화 원인을 온실가스 때문이라고만 쓰면 안 될 것 같아서. 여기 이 슬라이드 말이야."
태경이가 말하는데 옆에 앉은 친구가 끼어든다.
"왜? 온실가스 때문에 기후 변화가 일어나는 거잖아. 네가 그걸 모를 리는 없고."
"모를 수도 있지. 과학 우등생도 별거 아니다, 이런 거."

수육에 입맛을 다시던 친구는 다시 한번 통박을 맞는다.

“야!”

“온실가스가 단독으로 일으키는 것이 아니라서 기후 변화 예측은 불확실하고, 더 위험하다고 쌤이 추천해 준 도서에 있더라고. 그리고 수업 시간에도 그런 비슷한 이야기를 들은 듯한데.”

“엥? 온실가스의 온실 효과로 지구가 온난화되고, 그래서 기후 변화가 생긴다. 이게 팩트 아닌가?”

“맞아, 팩트. 그런데 온실가스가 기후 변화를 일으키는 것은 맞지만 그것만 가지고는 걱정하는 것만큼 기온이 상승하지는 않는다는 거야.”

“뭐야, 그럼, 기후 변화가 뻥이라는 거야?”

“야! 넌 귀에 듣고 싶은 대로만 듣는 필터라도 달린 거냐?”

세 번째 맞은 통박에 친구는 입을 쑥 내밀고 소파에 몸을 깊숙이 던져 버린다.

“너 이렇게 비협조적으로 나오면 수행 평가 참여도에 최하점이다. 잘 들어 봐. 기후 변화는 일어나고 있다.

온실가스가 기후 변화를 일으킨다고. 하지만 온실가스 하나만 원인이 아니라는 거지. 온실가스로 인해 올라가는 기온보다 현재 예측값은 더 높다. 그러니 다른 이유가 또 있다. 이런 말이지."

여러분, 잠깐만요. 그렇다면 온실가스 말고 기후 변화를 일으키는 것은 무엇일까요? 기후 변화의 1차적인 원인은 온실가스 때문입니다. 그런데 온실가스가 지구가 방출하는 복사 에너지를 흡수 후 재방출하는 온실 효과를 통해서만 기후 변화가 일어나는 것은 아닙니다. 산업화가 시작되기 전과 비교해서 대기 중 이산화 탄소의 농도가 2배가 되었다고 가정한다면 기온은 얼마나 올라갈까요? 대략 계산하면 1.25℃가 됩니다. IPCC는 산업화 이전과 비교하여 올라간 기온이 1.5℃ 이내여야 기후 변화로 인한 대규모 피해를 어느 정도 막을 수 있다고 했습니다. 만약 온실가스만 작용한다면 1.5℃를 넘기지 않는 것은 큰 문제가 없다는 말이 됩니다. 온실가스 뒤에 숨어 있는 또 다른 원인은 무엇일까요?

먼저, 지구가 스스로 기온을 올리는 증폭 현상이 있

습니다. 마이크를 사용할 때 가끔 하울링이라고 하는 큰 잡음을 듣게 됩니다. 마이크와 앰프가 나란하게 놓여 있을 때 발생하는 현상이지요. 마이크로 들어간 작은 잡음이 앰프를 통해 크게 증폭되고 이 소리가 나란하게 놓인 마이크로 순간 다시 들어갑니다. 이 소리는 다시 앰프로 증폭되고 다시 마이크로 들어가는 연쇄적인 반응이 아주 짧은 순간 일어나는데, 이런 과정을 양의 피드백 혹은 되먹임이라고 합니다. A 때문에 B가 만들어졌는데, B가 다시 A의 역할을 하여 다시 B를 만들게 되는 반복적인 순환이 일어나는 것이죠. 그래서 결과를 더 크고 강하게 만들어 내는 것입니다.

양의 되먹임의 예를 아마존 숲에서 찾아볼까요? 아마존 숲은 열대 우림입니다. 우림이라는 이름에 맞게 연중 강우량이 많습니다. 강우량이 많은 이유는 주변보다 높은 열대의 기온 탓에 위로 올라가는 공기의 흐름이 발달하기 때문입니다. 아마존의 숲은 거대한 가습기입니다. 증산 작용으로 뿜어내는 수증기가 열대의 상승 기류를 따라 함께 상승합니다. 상승하는 과정에서 온도가 내려가며 수증기는 다시 물방울이 됩니다. 이 물방울들이 모여 구름을 만들고 비로 내리게 됩니다. 그러니 아마존 열대 우림에서 가뭄이 일어날 확률은 매우 낮습니다. 높고 울창하게 자란 나무, 햇빛이 잘 스며들지 않는 우림, 축축하고 끈적하게 무더운 숲. 가뭄과는 거리가 먼 숲이지요. 그런데 최근 아마존 숲이 1/5가량 파괴되었습니다. 소 목장과 소를 먹일 콩을 키우는 밭을 개간하면서 벌어진 일입니다. 그러더니 우림이라 불리던 숲에 가뭄이 발생했습니다.

왜 숲이 사라지며 가뭄이 생긴 것일까요? 나무가 줄어들자, 나무가 뿜어내는 수증기량이 줄어듭니다. 그러니 강우량도 줄어들겠죠? 줄어드는 강우량으로 나무의 성장이 부실해지고 다시 수증기를 뿜어내는 양이 줄어들고 비는 더 줄어들고, 다시 나무가 내보내는 수증기가 줄어드는 것이죠. 앰프의 하울링이 자연에서 일어난 것입니다. 물론 음의 되먹임도 있습니다. 지구의 기온이 올라가면 육지와 바다에서 증발하는 수증기의 양이 증가합니다. 증가한 수증기로 인해 구름이 생성됩니다. 생성된 구름 중 비교적 낮은 고도에서 만들어진 것은 태양 복사 에너지를 반사하는 효과가 지구 복사 에너지를 가둬 두는 것보다 큽니다. 이렇게 낮은 고도의 구름이 음의 되먹임의 역할을 하기도 합니다. 하지만 지구에는 음의 되먹임보다는 양의 되먹임이 더 많다고 합니다.

피드백 외에도 기후 변화를 더 악화시키는 요인에는 급변점, 흔히 티핑 포인트라고 부르는 것이 있습니다. 햇볕 한 줌 들어갈 틈 없이 울울창창하던 아마존이 다양한 요인으로 파괴되다 보면 어느 시점에는 숲의 복원력을 유지할 수 없는 한계에 도달하게 됩니다. 생태계의 복원력이 줄어든 상태에서 병충해나 태풍, 산불 등 외부의 충격에 전체 숲이 치명적인 영향을 입을 수 있겠죠. 아슬아슬하게 쌓여 있던 젠가 놀이의 나무토막 탑이 어느 순간 와르르 무너지는 것, 이러한 지점을 티핑 포인트, 급변점이라고 합니다.

이미 몇몇 요소들은 급변점을 넘겨 버렸다거나 곧 붕괴의 조짐이 보인다는 과학 연구들도 심심치 않게 발표됩니다.

"나 좀 심각해졌음."

"그러게, 나도 상당히 심각함."

"하여튼 맞네. 이 슬라이드는 고쳐야겠네."

소파에 깊숙이 파묻혀 있던 친구가 몸을 일으키며 정색한다.

"야, 슬라이드가 문제냐, 진짜 큰일이 날 수도 있네. 빨리 화성으로 탈출해야겠다."

"야!"

"왜? 맞잖아. 지구에서 살 수 없으면 화성으로 가야지."

"화성에 갈 돈과 에너지로 기후 변화를 막아야지."

화성 탈출을 이야기한 친구는 아랑곳하지 않고 열을 내며 이야기한다.

"어차피 지구는 틀렸어. 도대체 왜 이렇게 된 거야? 어른들? 정치인들? 미래를 생각했으면 지구가 이 지경이 되었겠어? 맨날 '어른들 말 잘 들어라'라고 하더니 이게 뭐야. 솔직히 난 화성에 갈 마음 없어. 화성 로켓에 날 태워 주지도 않겠지만. 지구에 친구들이랑 가족들이 다 있는데 화성에 왜 가. 산불이 나면 불도 꺼야 하고, 홍수가 나면 사람도 구해야지. 다른 건 몰라도 난 치사하게 도망은 안 간다. 그런데 TV에 나와서 맨날 기후 변화 정책 어쩌고 하는 정치인들이

제일 먼저 화성으로 도망갈걸. 아니면 어디에다 벙커라도 따로 마련해 두었거나."

항상 생각 없이 빼질거리기만 한다고 생각한 친구가 열변을 토해 낸다.

"얘들아, 화성 탈출도 좋고, 기후 변화를 막는 것도 좋은데, 지금은 슬라이드가 문제야. 발표 망치면 당장 큰일이 나거든."

같은 시각, 금성 빌라 주변에 위치한 동네 노인정도 큰일이 났는지, 시끌벅적하다. 물론 이 노인정은 거의 매일 시끌벅적하긴 하다.

오해 5.

현재 탄소 배출량을 유지하면 탄소 중립인가?

노인정에 내기 장기판이 벌어지고 있다. '딱, 딱, 딱' 장기판의 한나라와 초나라 군사들이 나름의 치밀한 전술하에 이리저리 진격하고 있다. 내기 장기라 그런지 이편저편 나눠 훈수를 두는 할아버지들의 열기가 상당하다. 그래도 눈이 벌게진 노름판이 아니라 신나는 잔치판 같은 흥이 묻어난다.

"아니, 장기 두는 사람 김장 김치 먹으러 갔나. 왜 이리 소식이 없어."

"김장 김치라니?"

"이 친구네 며느리가 오늘 김장한대."

"에끼. 이 친구야. 포로 가야지. 그걸 옮기면 어떻게 해."

"김장 김치 쫙 찢어서 밥이랑 먹으면 집 나간 노인네 입맛도 돌아올 것 같은데. 빨리 끝내 버려. 아니지, 졸을 움직여야지. 그리 두면 외통수야."

"허허, 이 친구, 김장 김치 한 포기 얻기로 했나 훈수가 좀 심하네. 중립을 지켜야지. 아예 자네가 장기를 두지 그러나. 훈수는 정도껏 균형을 벗어나면 안 되는 거야."

옆에서 지켜보던 한 할아버지가 지나친 훈수에 퉁을 준다.

"아니, 훈수에 중립이 어디 있나. 훈수야 내 편 네 편이 명확한 거지. 그게 훈수지."

장기판에 훈수 두다 동네 싸움 난다며, 훈수에도 균형을 유지하는 중립을 지켜야 한다며 웃음기 섞인 큰 소리가 오간다.

"중립이 어렵긴 하지. 전 세계에서 탄소 중립한다고 어디에선가 다들 모였더구먼."

노인정 할아버지들은 살아생전 처음 겪어 본 날씨를 꼽아 본다. 여름 다 지나가고 폭우가 쏟아진 이야기, 여름철 기온이 40도에 육박했던 것과 지난주만 해도 겨울답지 않게 푸근하다 하룻밤 만에 벼락 한파가 몰아친 것까지, 장기 말을 옮기는 주름 진 손들에게도 요즘 날씨는 낯설다.

"근데 탄소 중립인가 그게 정확히 무슨 말인가?"

"아니, 훈수는 중립이 아니라니까. 이 고집쟁이 영감 같으니라고."

"장기판 훈수 중립 말고, 기후 변화에도 중립이 있다며. 그래, 탄소 중립이라고 하던데."

"탄소 중립? 석탄이 중립을 지킨다는 말인가? 기후 변화에도 내 편 네 편이 있나. 무슨 중립을 지킨다는 거지? 알아듣게 좀 설명해 봐."

장기판의 훈수 중립 실랑이는 어느새 기후 변화 탄소 중립으로 옮겨 간다. 어르신들이 정치에 워낙 관심이 많다 보니 각자 자기가 아는 중립이란 중립은 죄다 등장한다.

여러분, 잠깐만요. 탄소 중립의 정확한 뜻을 아시나요? 탄소 중립이란 대기 중으로 배출되는 온실가스의 양과 지구에서 자연적으로 흡수되는 온실가스의 양이 같은 상태를 말합니다. 즉, 배출하는 양이 자연적으로 모두 흡수되어 대기 중에 이산화 탄소와 같은 온실가스가 더 이상 증가하지 않는 상태를 이야기합니다. 일반적으로는 순배출량 제로(NET ZERO)라는 용어를 많이 사용합니다. 인류가 다양한 경로를 통해 배출하는 온실가스의 약 절반 정도 되는 양은 바다와 숲과 토양에서 흡수되고 있습니다. 이렇게 흡수되는 양을 제외한 나머지는 대기에 누적되어 점점 더 많이 쌓이고 있습니다.

"거봐, 흡수되는 것만큼 배출하는 것, 균형을 잡는

거잖는가. 바둑 훈수에도 균형이 중요한 거야."

"또, 훈수 중립 타령인가. 하여튼 다행이야. 난 탄소 중립이라고 해서 아예 경제 활동도 하지 않고 모든 것을 멈춰야 하는 것으로 생각했거든. 그러니까 현재 배출하는 양만큼은 배출해도 된다는 거지? 초과로 더 이상 배출하지만 않으면 된다는 거지?"

"무슨 소리야. 아니지, 지금도 흡수되는 양보다는 많은 양을 배출하기 때문에 점점 더 기온이 올라가는 거잖아."

여러분, 잠깐만요. 현재 배출량 이상으로 늘리지 않으면 탄소 중립이 실현되는 걸까요? 욕조 비유를 들어 볼게요. 욕조에 물이 9/10 정도 차 있습니다. 수도꼭지에서는 물이 콸콸 쏟아지고 있고, 욕조 바닥의 물마개는 열려 있는 상태라 물이 흘러서 빠져나가고 있습니다. 하지만 물이 빠져나가는 속도보다 물이 흘러 들어오는 양이 2배가량 많습니다. 욕조의 물은 점점 더 높아지고 있는데, 물이 흘러넘치지 않게 하려면 어떻게 해야 할까요? 수도꼭지의 물을 잠가야 합니다. 최대한 잠가서 빠져나가는 양 정도만 나오도록 해야 현재 물의 높이를 유지할 수 있게 됩니다. 욕조에 차 있는 물은 지구의 대기 중에 있는 누적된 온실가스의 양을, 수도꼭지에서 흘러나오는 물은 배출하는 온실가스를, 욕조 바닥에서 흘러 나가는 물은 숲, 토양, 바다에서 흡수되는 온실가스의 양을 이야기합니다. 욕조의 물의 높이를 더 낮추려면 어떻게 해야 할까요? 수도꼭지를 더 많이 잠그거나, 아예 물이 나오지 않게 할 수도 있겠죠.

2015년 파리 협정(유엔 기후 변화 협약에 의해 2021년부터의 목표를 밝힌 하위 조약)에서는 지구 평균 온도를 산업화 이전 대비 2℃보다 현저히 낮은 수준으로 유지하고, 가능한 한 최선을 다해 1.5℃가 되는 것을 막기 위해 노력하자고 약속했습니다. 협정 발표 3년 뒤, IPCC는 2℃로는 기후 변화를 막기 어렵다고 분석하고, 1.5℃가 상승 억제 목표가 되어야 한다고 했어요. 이 목표를 이루기 위해서 전 세계가 온실가스 배출량을 2030년까지 2010년 배출량 대비 최소 45% 이상 감축해야 하고, 최종적으로 2050년에 순배출량이 '0'이 되도록 해야 한다고 발표했어요.

지구의 기온을 다시 낮추려면 현재 대기에 쌓여 있는

온실가스를 더 이상 늘어나게 하지 말아야 할 뿐만 아니라 지금보다 더 줄여서 쌓여 있던 온실가스의 양이 점점 줄어들게 해야겠지요.

"그러니까 이 수도꼭지에서 나오는 것이 온실가스구나. 욕조는 지구의 대기. 그럼, 물이 빠져나가는 이 구멍은 뭔가?"

"숲, 토양, 바다라고 하지 않나. 그러니까 지금 배출하는 것만큼 배출하면 안 되는 거지. 욕조에 물이 철철 넘쳐서 난리가 나는 거지."

"알겠네. 수도꼭지를 절반은 잠가야 한다. 이 말이라는 거지."

"장군이요! 이겼네, 이 사람아."

"아니, 언제 판이 이렇게 되었어? 이런, 내가 말한 대로 했어야지. 쯧.'

"중립, 훈수 중립을 지켜야지 자네도."

기후 변화로 인한 홍수.
사진 Pixabay 제공 ©J_LIoa

기후 변화로 인한 극심한 가뭄.
사진 Pixabay 제공 ©Sven Lachmann

기후 변화로 인한 산불.
사진 Pixabay 제공 ©Gerd Altmann

기후 변화를 막는 동맹군들

세상이 조용해졌다. 보름달이 하늘 높이 뜨는 시각, 김장하는 날의 하루가 완전히 저물었다.

"여보, 자?"

"으응, 왜?"

까무룩 잠이 들었나 잠이 뚝뚝 묻어나는 목소리로 태경이 아빠가 간신히 몸을 돌리며 대답한다.

"나 오늘 걱정이 생겼어."

"뭔데? 태경이 성적표 나왔어?"

"아니, 성적표보다 더 큰 고민이야."

"태경이 성적보다 더 큰 고민, 잠이 확 깨네. 뭐야, 무슨 일이야?"

"아니, 기후 변화 말야."

"난 또, 기후 변화가 큰일이긴 한데, 당신한테 태경이 성적보다 더 큰일이 되었다니. 오늘 김장하느라 너무 무리한 거야. 자자 그만. "

핸드크림을 열심히 발랐는데도 젓갈 냄새를 막기에

는 역부족인 듯, 얼굴을 쓸어내리다 손에서 나는 양념 냄새를 맡고 잠이 확 달아난 듯했다. 태경이 엄마는 아예 침대를 빠져나와 거실로 나갔다. 거실에는 태경이가 노트북으로 수행 평가 보고서를 마무리하고 있었다.

"엄마, 왜 안 자고?"

"그냥, 그냥 좀 심란하네."

"왜?"

"오늘 김장하다가 날씨 이야기에 기후 변화까지 나왔거든. 갑자기 지금도 난리인데 앞으로 태경이가 어른이 되었을 때는 얼마나 세상이 험해질까 하는 생각이 들어서 말이야."

"엄마도 그렇구나. 나도 기후 변화 수행 평가하면서 심각해졌거든."

엄마가 물을 컵에 따라 소파에 앉았다. 태경이가 말을 이었다.

"엄마, 오늘 친구들이랑 수행 평가하다 화성 탈출해야 한다고 주장하던 친구가 있었어. 그 친구가 랩 가사를 보내 왔어. 소감으로 보고서에 넣어 달라고. 그런데 그 친구 말이 틀리지 않았다는 생각이 들더라고. 한번 볼래?"

태경이는 엄마에게 랩 가사를 보여 준다.

대한민국의 나는 수육
파키스탄의 그는 홍수
글로벌의 우리는 혼수
어른 아닌 난 무임승차가 전공
어른들은 역주행이 전공
정치인들은 수지 타산이 전공
기후 변화 엉망진창 화성 로켓은 너나 타
버려진 길고양이 버려진 가난 지구는 내가 지켜
코앞에 닥친 수행 평가는 태경이가 지켜

"말이 되네, 네가 수행 평가 준비하느라 애쓴다고 고맙다는 인사도 했네."

"그러게, 항상 툴툴거리고 뺀질거리기만 하는 친구인데, 틀린 말은 아닌 것 같아. 생각이 좀 깊어져 엄마. 1.5℃가 목표라고 하는데 지금 1.1℃ 올라갔는데도 여기저기서 홍수 나고 산불 나고 난리잖아. 그러니까 탄소 중립이 되고 1.5℃를 지켰다고 해도 지금보다 기온이 더 올라가는 거니까, 피해는 더 커질 거잖아. 어려운 사람들은 더 어려워질 거고. 뭐 우리 집도 포함해서 말이야."

태경이의 심각한 말에 엄마는 말없이 태경이의 어깨를 쓸어내렸다.

"그래서 아직은 잘 모르겠지만, 내 진로 말야. 뭔가 최악의 상황에서도 더 최악의 상태에 있는 사람들을 돕는 일을 하는 건 어떨까? 그런 일이 더 많이 필요한 사회가 될 것 같아서 말야."

엄마가 태경이에게 엄지손가락을 치켜든다.

"대견해, 멋져. 우리 딸."

김장하는 날, 기후 변화 이야기로 시끌시끌했던 하루가 끝나고 있다. 거실에는 아직 김치 양념 냄새가 여전하다. 말끔하게 정리된 거실 구석에 쌓여 있는 빨간 김치 통에서 조만간 토톡 톡톡 발효균들이 기지개를 켜는 소리가 들릴 것이다. 눈에 보이지 않지만 살아 있는 존재들의 소리다. 눈에 보이지는 않지만 바

이산화 탄소를 흡수하는 우리의 동맹군 숲.
사진 Pixabay 제공 ©Daniela

이산화 탄소를 흡수하는 우리의 동맹군 바다.
사진 Pixabay 제공 ©Somchai Sumnow

다와 숲, 토양은 지금도 많은 이산화 탄소를 흡수하고 있을 것이다. 이들은 기후 변화를 막는 우리의 동맹군인 셈이다. 그들을 지키는 것이 기후 변화를 완화하는 우리의 첫걸음이 되어야 하는 이유이다.

아, 참. 여러분, 기후 변화로 인한 홍수로 국토의 1/3이 물에 잠긴 파키스탄의 온실가스 배출량은 전 세계의 1%도 안 된다는 사실, 아세요?

파키스탄 아이들.
사진 Pixabay 제공 ©dilshad3

딱 하나만 해 봐요!

기후 변화라는 거대한 거인에 어떻게 맞서지? 고민을 많이 하다 제가 내린 결론은 순환과 공생이었어요. 그래서 두 가지 결심을 했답니다.

첫째, 내가 살아 있는 동안에 순환되지 않는 것은 쓰지 않아요. 미래의 지구에서 살게 될 누구에게 내가 만들어 낸 순환되지 않는 것을 유산으로 남겨 주어서는 안 되겠죠? 그래서 내가 살아 있는 동안 분해되지 않는 것, 내가 살아서 책임질 수 없는 폐기물을 만들어 내지 않아야 해요.

둘째, 지구와 지구의 생명과 함께 사는 공생에 도움이 되는 행동을 해요. 기후 변화를 막는 일에 든든한 동맹군이 있어요. 바로, 바다와 숲과 땅입니다. 이들은 우리가 배출한 탄소를 거의 절반이나 흡수하고 있답니다. 앞으로도 바다와 숲과 땅이 건강하게 잘 있어야겠죠. 그러려면 생태계를 이루고 있는 모든 존재가 균형을 잘 잡고 있어야 해요. 그래서 모든 생명을 소중히 여기고 함께 사는 공생이 중요한 원칙이 되어야 합니다.

딱 하나만 해 봐요!

◈ 물티슈 대신 손수건을 써요. 물티슈에는 플라스틱 성분이 들어 있어요. 분해되는 데 거의 500년이 걸려요.

◈ 1년에 구매하는 의류 수를 정해 봐요. 싸다고 유행이라고 쉽게 사지 말고 꼭 필요한 것인지, 구매하면 오래도록 쓸 것인지 다시 고민해 봐요.

◈ 고기는 귀하게 여겨 가끔만 먹어요. 맛있는 고기가 되기까지 살아 있는 생명이 죽임을 당하고, 분뇨 때문에 강의 물고기가 죽기도 하고, 과도하게 많은 에너지가 사용돼요.

◈ 기후 변화 뉴스를 찾아 보고, 기억해요. 우리가 기후 변화의 증인이 되는 거예요. 지구 온도가 얼마나 올라가고 있는지, 어떤 재난이 닥치는지 잘 기억하고 변화에 민감해야 해요.

◈ 기후 변화와 관련한 도서를 한두 권쯤은 꼭 읽어요. 기후 변화를 혼자서만 생각하면 마음이 편치 않아지고 힘이 빠지거든요. 그러니 읽고 친구들과 이야기를 나누어요.

에코 라이프 03

내가 에너지를 생각하는 이유

초판 1쇄 발행 2023년 7월 17일

지은이 이필렬, 이영경, 신지혜, 최우리, 김추령
표지 일러스트 최도은
펴낸이 이수미
편집 이해선
디자인 소요 이경란
마케팅 김영란, 임수진

종이 세종페이퍼 **인쇄** 두성피엔엘 **유통** 신영북스

펴낸곳 나무를 심는 사람들
출판신고 2013년 1월 7일 제2013-000004호
주소 서울시 용산구 서빙고로 35 103동 804호
전화 02-3141-2233 **팩스** 02-3141-2257
이메일 nasimsabooks@naver.com
블로그 blog.naver.com/nasimsabooks
인스타그램 @nasimsabook

ISBN 979-11-93156-06-3 (44400)
979-11-90275-72-9 (세트)